福光麻布

越中　福光麻布

目次

題字　こやまはるこ

はじめに

日本の村々では縄文時代から布が織られていた。衣服は生活に欠かせない。この布とは麻布を指した。人々は苧麻《ちょま》や大麻を栽培し、その皮の繊維から糸を績んで織機で布を織り植物の葉で布を染め、そして縫った。この糸を績み布を織るのは農閑期の冬の間の女たちの仕事であった。

富山県西部の砺波地方でも古くから八講布《はっこうふ》と称された布が織られていた。この砺波地方とは庄川・小矢部川の流域で、その扇状地は広大な平野を成している。ここには古代から中世にかけて砺波郡が置かれた。砺波平野は散居村と呼ばれる独特な散村風景を形成している。また庄川の上流は五箇山で、急勾配の屋根を持つ合掌造はユネスコの世界遺産に登録されている。奈良時代、聖武天皇発願による東大寺大仏建立の際、真っ先に米三千碩を寄進したのが利波臣志留志《となみのおみしるし》であった。東大寺二月堂の修二会では、今もその名が読み上げ続けられている。

江戸時代、砺波郡は大きな穀倉地帯であった。そして農作業が一段落した冬になると、砺波の女たちは布を織った。当初は来年の春に必要な野良着を縫うために布を織ったのであろうが、やがて加賀藩の特産品となり、母も娘も、更には童までもが布を織ったという。この砺波平野一円で織られた麻布は、江戸時代の宝永年間（一七〇四〜一七一〇）には十二万疋に達する。

江戸時代、麻布の集散地として高岡、戸出、そして江戸後期には福光の商人が布を扱い、いつしか福光麻布《ふくみつあさぬの》と呼ばれるようになる。江戸時代に全国で木綿の栽培が始まった。木綿は肌への感触が柔らかく暖かい布である。やがて麻に替わり木綿が求められるようになっていった。木綿の需要が広がると同時に布の生産はどんどん減少していった。

昭和十四年、柳田国男が『木綿以前の事』で、熊本の製紙工場を見学した際、紙の原料として古着があり、これは東北地方から大量に古麻布を仕入れてくるのだという。そのため近年では麻布が少なくなり、価格も上がってきたと述べている。東北地方は木綿の栽培に適さず、明治に入り流通が改善されるまで麻布が主力であった。しかし木綿が市場に流れると、大正の頃からは東北の麻布の需要は激減するのである。しかし麻布は丈夫であり用途が広かった。大正十二年、富山県西砺波郡では特用農作物として大麻は千二百四十六貫栽培されている。さらに砺波平野では高機《たかはた》や地機《じばた》による麻布の手織りが続けられていた。戦後に入り、軍事用としての麻の需要が無くなった。更に大麻の栽培も「大麻取締法」により厳しい許可制となっていく。平成元年二月の昭和天皇の大喪の礼では福光で調達された麻布によって古装束が縫われた。しかし伝承者の高齢化と作業工程が分業化されていたことも重なり、福光麻布は歴史の幕を閉じた。

麻布が織られた村には過疎が迫り、麻は高齢の住民の記憶の彼方となり、麻の伝承は急速に失われているのが現状である。記録保存を目的として、まずは旧麻問屋として唯一現存し、歴史的な風情が残る舟岡商店を尋ね、問屋で生まれ育った舟岡桂子さんから麻の話を聞くことから福光麻布織機復刻プロジェクトは始まった。

旧福光町農林漁業資料館には居座機という座して織る織機、地機が一台現存している。

この地機は一般的な高機と比較して実に非効率であり、しかも品質のバラつきも大きい。しかし味わいのある布を織れる機でもある。そこでプロジェクトでは南砺市山間地の麻布の伝承を聞き取り、そしてこの地機を復刻し、福光麻布の復活も見据え、記録保存をめざすことにした。

本著では、砺波の麻布に関する研究資料も所載した。歴史では水島茂氏が昭和二十九年に越中史壇・創刊号及び二号で発表した「近世越中織物業の発達」が砺波郡における麻布業の変遷に歴史的を詳しく述べているのでこれを復刻した。民俗では、加藤享子氏が、とやま民俗64号で発表した「小矢部川上流地域の麻栽培と加工　福光町立野脇の場合」が、麻の栽培から苧カセに至る作業工程を明らかにされているので所載した。この二編の他、福光麻布商組合が平成二年七月の福光ねつおくり七夕まつり協賛行事の際にまとめた「福光麻布」も、福光麻布を晒す工程が記録された唯一の資料である。舟岡家には昭和三六年に舟岡喜一郎氏が撮影した機織の映像が残されており、本著でも映像を掲載した。

麻布の歴史

麻布

麻布とは

日本で布作りが始まったのはいつ頃からなのだろうか。遅くとも縄文時代には布は存在したと考えられる。そして、そもそも縄文時代という呼称は土器の模様を縄文と称したことに由来し、その縄文は綯われた麻縄を押しつけたものである。

福井県小浜市の今から約一万年前の鳥浜貝塚の縄文前期の遺跡から縄類と編物が出土し、苧麻や大麻などの麻系の植物繊維が検出され、また遺跡からは大麻の種子も発見された。また青森市の三内丸山遺跡や富山県小矢部市の桜町遺跡からも麻の種子が発掘されている。このことから縄文時代には大麻が栽培されていたことが判った。この事から種子は食用とし、繊維は衣服として編まれていたことが判明している。

弥生時代になると、九州の吉野ケ里遺跡からの出土織物に大麻で織られた布がある。吉野ケ里では麻布は他に例がないほど細かい糸を用いて織り上げられていた。そしてさまざまな織り方があり、染色の技術もあったことが認められている。

文書として麻が登場するのは『魏志倭人伝』で、倭人は稲と共に苧麻や桑を植え、三世紀頃には布を織っていた事が述べられている。また『古事記』や『日本書記』には植物として麻が確認できる。『倭名類聚抄』では布といえば麻布をさした。

『万葉集』に麻を詠んだ歌には、

庭に立つ　麻手刈り干し　布曝す
東女を　忘れたまふな

巻四－五二一　常陸娘子

藤原宇合が常陸国司を離任する際、恋仲となった「常陸娘子」がその思いを詠んだものだが、その収穫作業は、夏に庭の畑に丈高く育った麻を手苅りして干し、布を織って晒す仕事をしている私を忘れるな、と実に具体的である。

江戸時代に至り木綿の栽培が始まり近代に広く流通するまでは、農村の衣類は麻であった。江戸中期に描かれた『大和耕作絵抄』には、庭先で石臼に経糸《たていと》の先端を結び付けて張りながら、筬《おさ》に通し整経している女たちが描かれている。また家の中では、地機で布を織る女が描かれている。

男は外で働き、女は野良着を仕立てるために機を織る。これがかつての農村の一般風景であった。

1・麻布の特徴

私たち現生人類は寒さに対する耐性が低いため、防寒効果のある衣服に身を包まなければならなかった。

アフリカで生まれた人類が衣服を着るようになった事と人類発展の歴史には深い相関性があろう。戦国時代に木綿が中国から輸入される以前、衣類においては麻と絹があったが、一般庶民には麻布がその主流であった。

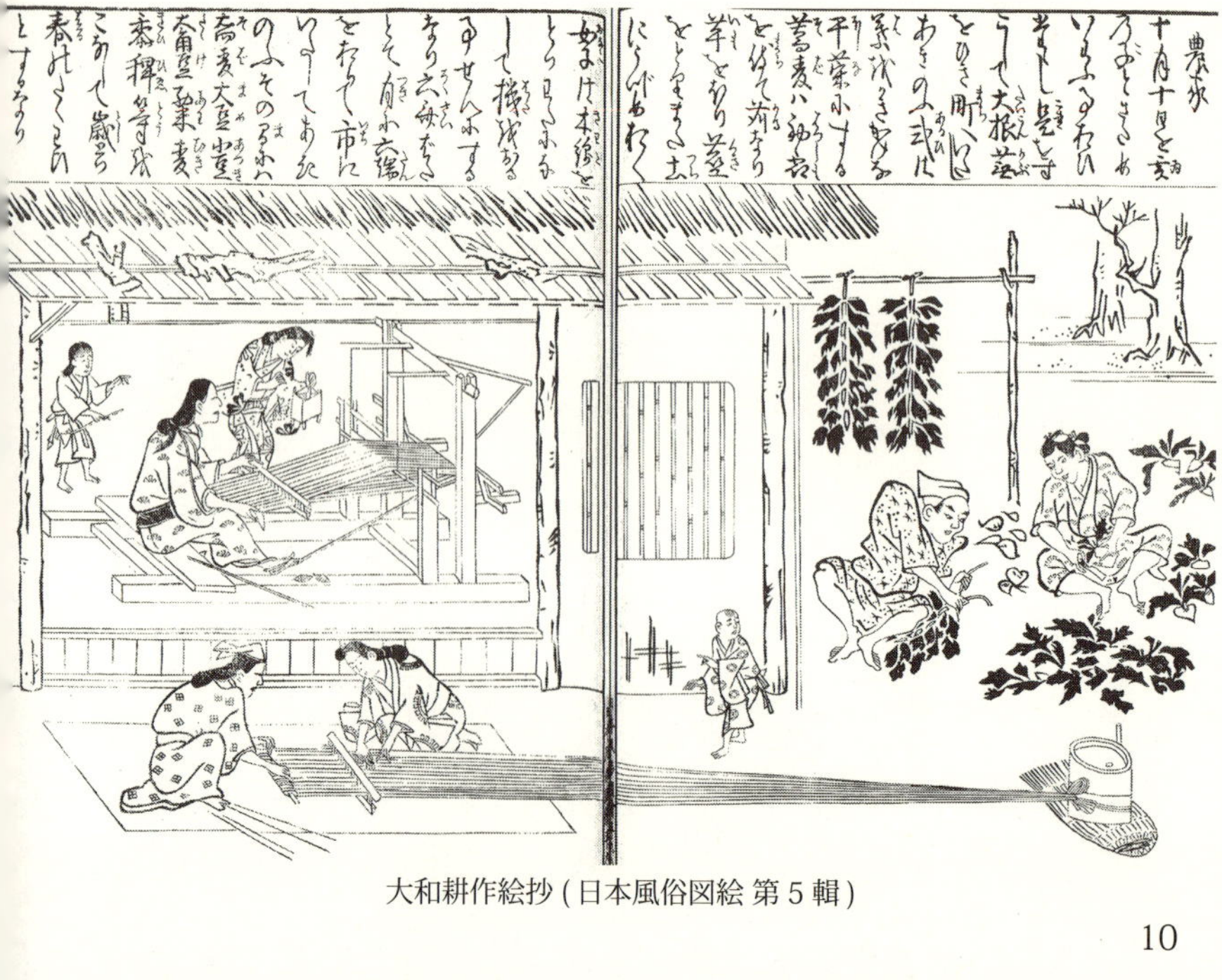

大和耕作絵抄(日本風俗図絵 第5輯)

麻布の特徴として生地の強靭さ、吸湿性と耐水性と防臭性があり、腐敗しにくく生地として長持ちする。一方、短所としては麻布は通気が良すぎ、生地が肌を包まないため 耐寒性がなく、冬は何枚も重ね着をしなければならなかった。

特に東北地方は気候が寒く木綿の栽培に適さず人々は麻布の野良着を重ね着して過ごしたが、近代に入り木綿が大量に流通すると麻の需要が減り麻織りは一気に消滅した。しかし逆に麻の特性を利用していたことも知られる。かつて北国では、冬、細かい雪の降る地方では木綿の服の上に麻の半てんを外套代わりに着ていたという。それは、木綿は水気が浸みやすいが、麻布は木綿と違い雪を払いのけやすかったからだという。そのこともあり東北地方には大きな麻布の需要があったと柳田国男は語っている(1)。

ところで、富山県南砺市の中山間地の古民家の土蔵を訪ねる機会があり、この土蔵に収蔵されていたタンスを覗いたところ、底に苧ガラを敷いた引き出しの中に古い藍染めの麻織の着物が入っていた。苧ガラは大麻であろう。引き出してみると着物には虫食いの跡も無く、この事から麻布に染を加える事によって防虫効果も高く長持ちしたのではないかと思われる。また、別の民家のアマ（屋根裏）には苧ガラを束にして収蔵されていた。

古来から織られてきた麻布であるが、栽培に始まり生地に至る工程は実に膨大で複雑である。これらは手作業によって営まれ、親から子に伝承されてきた。しかも麻は栽培から糸績み、織りと手間が掛かり、一反織り上げるまでには、ほぼ一年を要した。

2・麻の種類

品質表示法では衣料品に使用する麻は、亜麻《あま》と苧麻のみを表すことになっているが、かつては苧麻と大麻であった。

麻という漢字であるが、現在は屋根の下に林と書く略字が用いられている。しかし麻の原字は屋根の下にアサの皮をはぎ取る様子を並べたものである。麻の主たる植物には大麻と苧麻がある。苧麻はカラムシとも呼ばれ『倭

麻の原字

名類聚抄』に「苧」とは「加良無之《からむし》」とある。
麻の糸を作ることを「苧《お》を績《う》む」という。このことから、私たちの祖先はカラムシから衣服を織る繊維を取り出していたことを知ることができる。

苧麻

苧麻はイラクサ科の多年生植物で高さは一m以上に成長し、アジア各地に広く分布している。日本でも各地に自生し、植物繊維をとるために古くから栽培されていた。また、中国から苧麻が輸入され、さらに繊維を取るための改良種も栽培され苧麻と呼ばれるようになった。なお本著では苧麻に用語を統一した。

本著を編集している南砺市小院瀬見は富山県と石川県の県境の山間地にあり、周囲の家々や田んぼの土手

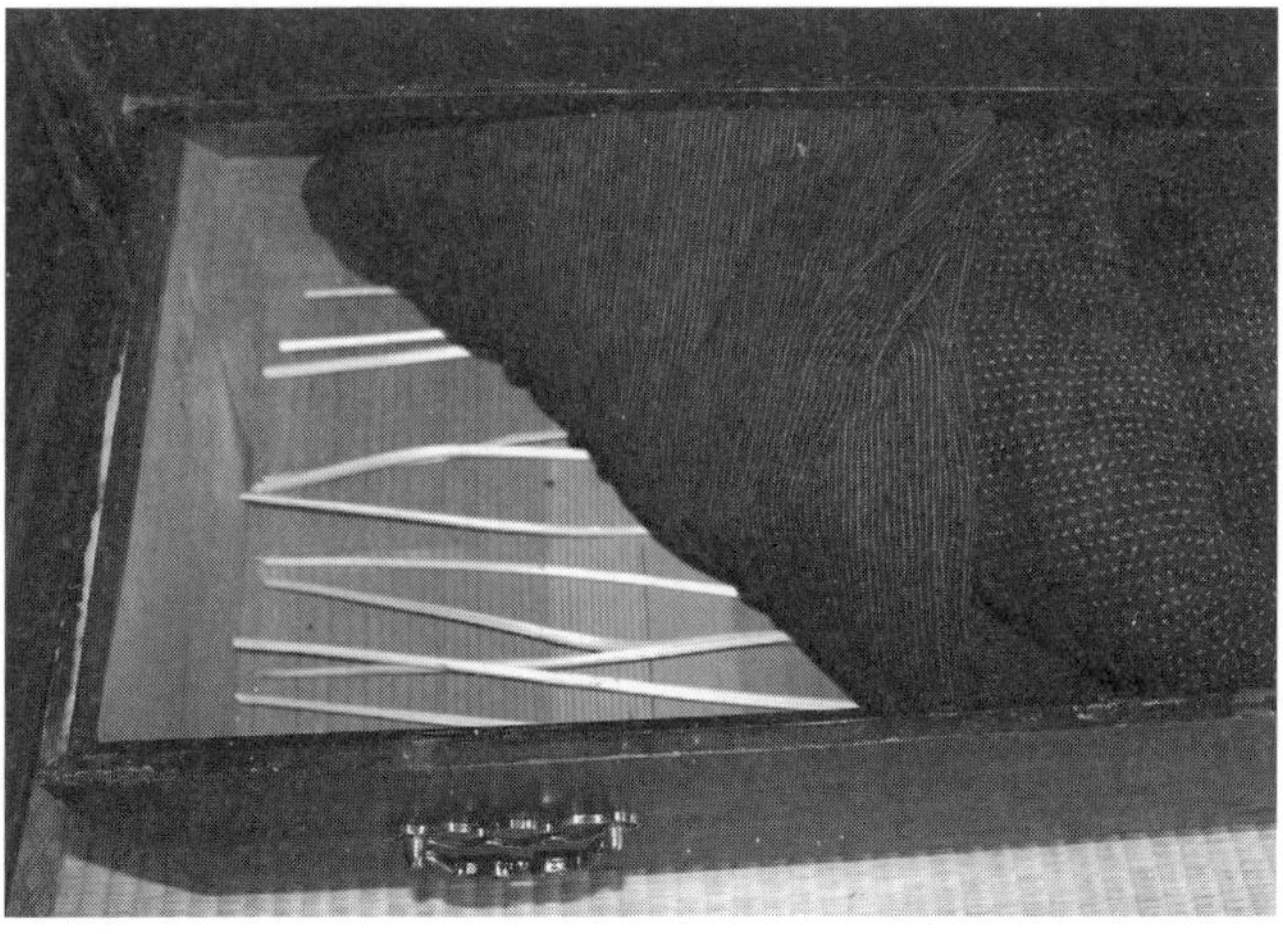

小院瀬見の旧家で見つかった麻の着物とタンスの下に敷かれた苧ガラ

小院瀬見の庭先に自生する苧麻

には、いたるところ苧麻が密集して自生している。たいへん成長が早くしかも石垣に根を張ると非常に除草に手間取るやっかいな植物である。その苧麻を採取して表皮を剥いだのが左の写真で、この作業を苧ハギと呼び、青い表皮を金属の板でこすると白い麻の繊維を採り出すことができる。

越中砺波郡で織られた八講布は苧麻であった[2]とされ、小院瀬見で多く見られる苧麻は、恐らくはかつて広く栽培されていた痕跡なのだろう。ただ、自生している苧麻では細く長い繊維は採りにくい。

この苧麻から表面の皮を除いた繊維は青《あお》苧《そ》と呼ばれる。越後上布は苧麻を手績みした糸で織られているが、越後国は中世には苧麻の生産地であった。上杉謙信は青苧座を通じ直江津の湊から京都などに出荷し経

苧ハギした苧麻の表皮

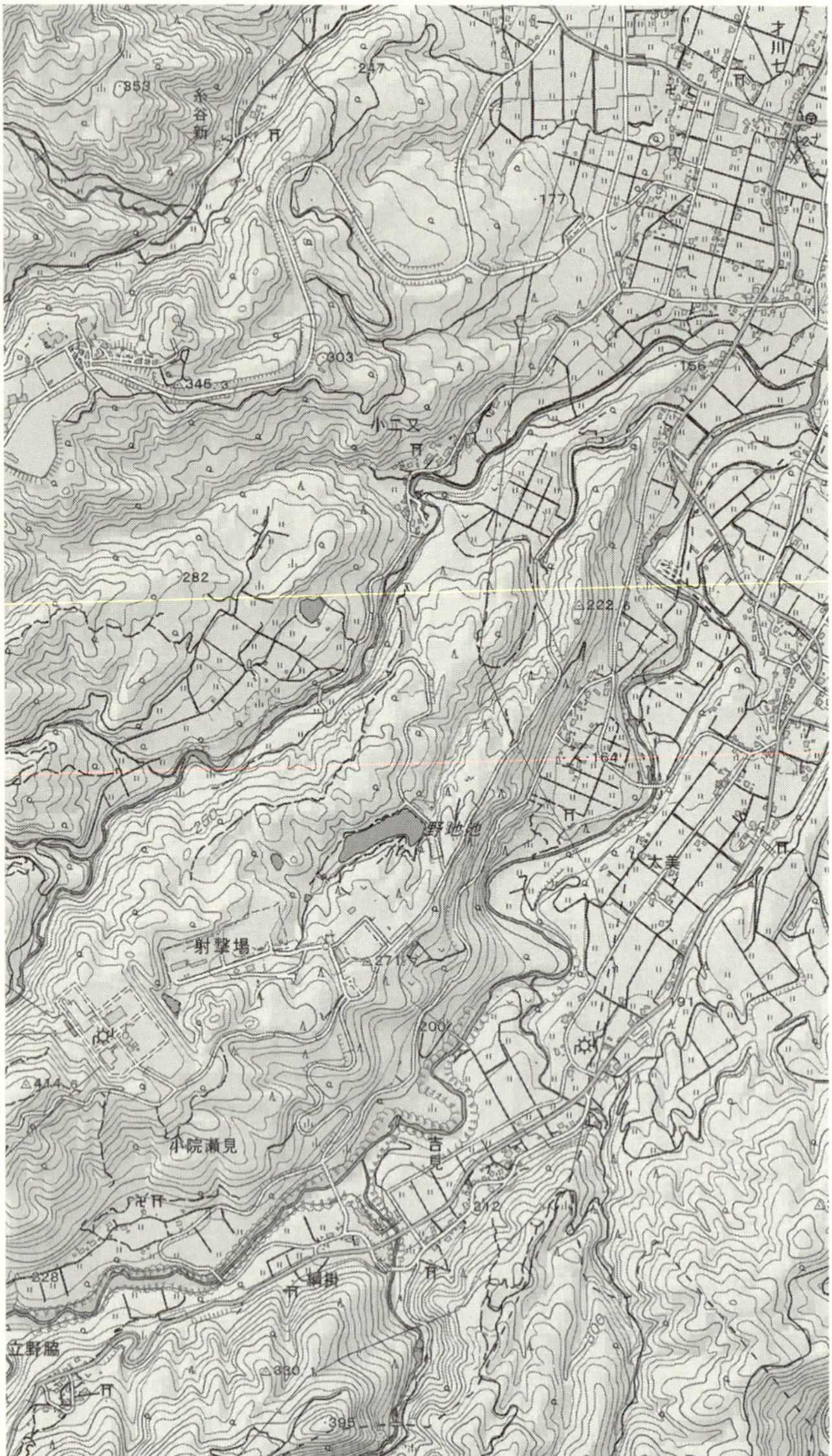

南砺市西太美・太美山地区（国土地理院）

済的な利益を得た。なお苧麻の繊維は固く、大麻で織り上げた布地と比較して大麻の生地の方が肌触りが柔らかい。

苧麻の栽培は多年草なので畑に株を植える。前述したように野生の苧麻では長い麻繊維が採りづらい。糸に適した長い繊維を取り出すためには、枝が出ず、茎がまっすぐに育つように植えなければならない。福島県昭和村の事例(3)では、八年毎に畑を掘り起こして植え替えをする。すると三年目で良い苧がとれるという。春には芽を揃えるためにカヤを敷いて野焼きをする。すると夏には同じ背丈まで育つ。夏になるとその日に苧を剥ぐ作業ができる分だけ茎を刈り取り、葉を落とし切揃えて苧引きの作業に入る。

南砺市吉見の農家に伝わる大麻の苧

長さ２ｍ・大麻の茎一本分

大麻

大麻は中央アジア原産とされるアサ科アサ属で一年生の草本で日本各地に自生し、高さは二〜三mと大きく成長するので「おおあさ」とも呼ばれていた。種子は食用となり油も採れる。

南砺市吉見の農家では、かつて栽培されていた大麻の苧が保管されている。この苧は長さ二mあり、昭和二十年頃まで当地で栽培されていた大麻の苧で、現在も祭礼の際、苧をわずかばかり解いて神社に奉納している。

大麻の栽培は密植えにして育成する。春、いちばん陽当たりの良い畑に、元肥を施してびっしりと種を蒔く。これは麻に節となる枝を出さず長くまっすぐに伸ばすためで、肥料も過度に与えると麻が太

農家のアマにあった苧ガラ

く育ち過ぎ柔らかい糸がとれない。夏になると二m以上の高さになるまで成長するので、一定の高さまで成長したら畑のすべての茎を刈る。そして葉を落とし茎だけにして、水に浸け、柔らかくなったところで苧引きを行う。麻畑の後作には、大根などを植えた。

大麻は、古くから栽培されていたが、戦後「大麻取締法」による県知事の許可制となって実質、栽培が禁止されている。国内で流通している大麻の苧はほとんどが栃木県産の「野州麻」で、トチギシロという覚醒成分を含まない改良品種である。

赤麻《あかそ》

赤麻も日本各地に自生したイラクサ科の多年草植物で、高さ五十㎝くらいに育つ。茎や葉柄が赤みを帯びているので赤麻と呼ばれた。麻の種類にはその他に亜麻があるが、亜麻はアマ科の一年草で寒い地方が栽培に適し日本では江戸時代までは栽培されなかったようである。

3・栽培と麻織の事例

大麻に関しては、砺波では山間地の、多くの農家が栽培していた。しかしどのような規模で栽培され布を織ったのかは調査されず記録もない。

山間地の調査事例として、昭和二十九年八月に東北地方の山間地、岩手県岩手郡御明神村で麻栽培と織に関する調査が行われた。(4) この村は現在は合併して雫石町となり南砺市と同じような中山間地である。

御明神村には二十三の集落があり、調査対象者は一二七戸で、そのほとんどは農業従事者であった。

そのうち麻を植えている家は六十戸で全体の

栽培農家

麻の栽培	戸数
植えている	60
植えていない	32
無記入	35
	127

(昭和 28 年で栽培をやめた農家　3 戸)

機織り月

月	戸数
1 月頃	2
2 月頃	14
3 月頃	48
4 月頃	4
11 ～ 12 月	5

栽培面積

坪	戸数
1	1
3	1
5	3
8	1
10	11
15	1

年間必要反数

反	戸数
0.5	1
1	13
2	21
3	21
4	3
5	3
6 ～ 7	2
10	1

四七％に達している。前年でやめた農家を含めるとほぼ半数の農家で麻を栽培していた。毎年栽培しているとあるからこの麻とは大麻である。

麻を植える畑の面積は最も多いのが十坪で、最も少ない畑は一坪。広くても一五坪までであった。この事から麻は一年に必要な分しか栽培しなかったことが判る。

各農家で年間必要な反数は二から三反。麻布の用途は野良着等の衣類が多く必要な分だけ布を織った。

自宅に機がある家が六十戸。多くは昔から家に織機があったのである。麻布を自分の家で織っているのは三十五戸。機を織る時期は冬の二月から三月にかけての農閑期で、冬の女の仕事であった。苧を績むのは高齢者が多く、機を織るのは四十代が中心であった。

麻の栽培は、代々続けるという家は二軒だけで今年でや

麻布の用途

用途	戸数
ももひき	36
シャツ	37
もんぺ	27
か　や	9
長手上	7
肌　着	4
みぢか	3
はんこ	2
米　袋	1
風呂しき	1
糸	4
手　拭	1
ふきん	1

織り反数

反	戸数
1	11
1.5	2
2	24
3	12
4	4
5	5

めるが六名。一〜二年でやめるが五名に達している。同地域の昭和十年頃の調査では機はほとんどの家が持ち、多い家では年に十反程度麻布を織りあげていたというから、調査時期は麻の減少期と重なっていたようだ。
南砺市太美山地区の農家からは大麻の苧や苧ガラ、そして織機の残片を見つけることができるので、東北と同様な風景が広がっていたのであろう。

注
(1) 木綿以前の事　1939年　柳田国男
(2) 西砺波郡紀要　1909年　富山県西砺波郡役所
(3) からむしと麻　1988年　民族文化映像研究所
(4) 中屋弘子業績集　1984年　中屋重行

福光麻布と地機の復刻

福光麻布の歴史

関東下知状

麻は全国各地で栽培され織られていたが、砺波地方でも盛んに麻織が行われていた。また糸を整経した苧絈も商人を通じて各地に販売されていた。福光でも江戸時代以前より近郊の山間地で苧麻や大麻が栽培されていた。一般的に麻布を「あさふ」と読むが、福光では「あさぬの」と称した。古代には布と絹は明確に分かれ「ぬの」とは麻を指していた。この事からもこの地域では古くから布が織られてきたことが伺える。

中世の福光付近の動静を知る史料として『弘長

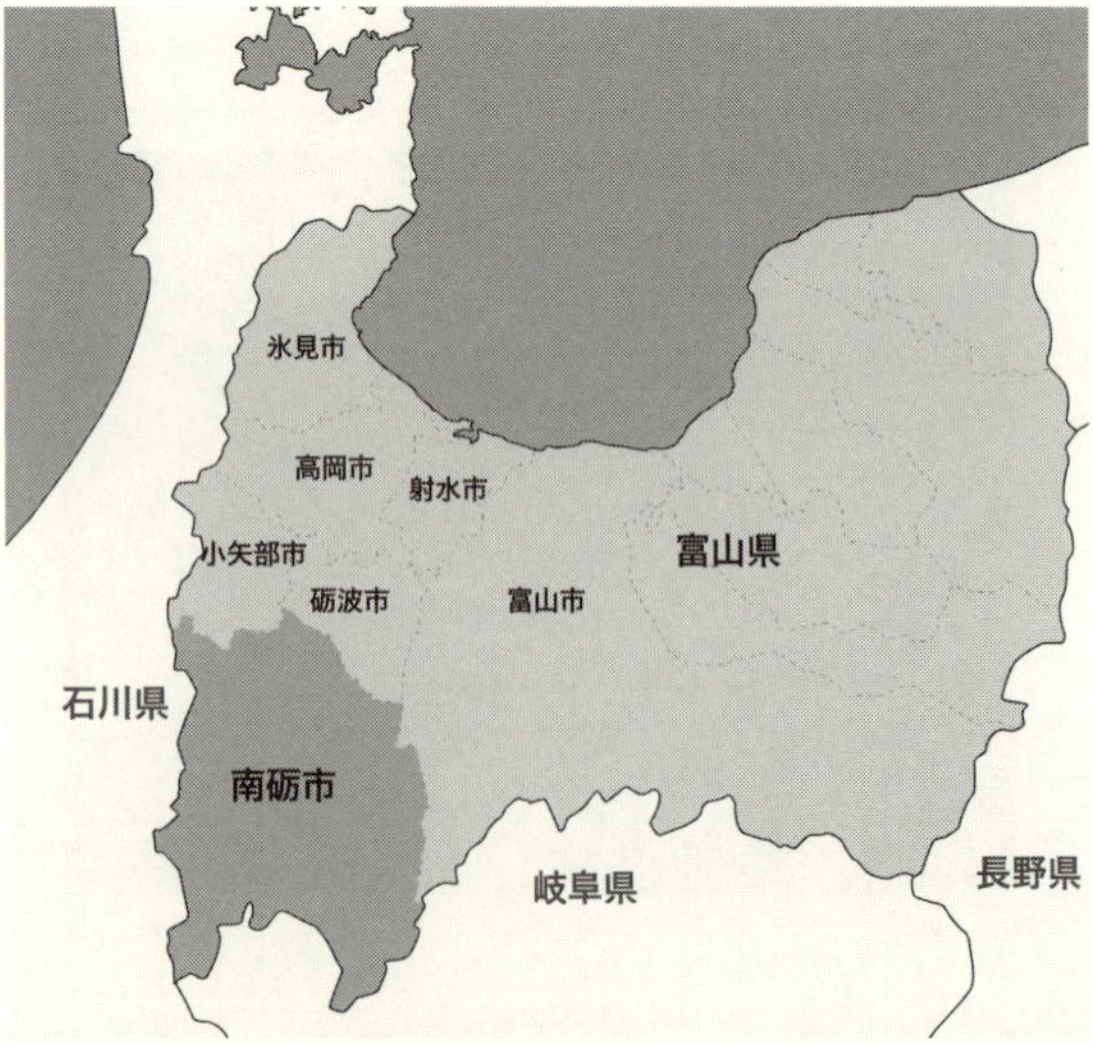

福光地図

二年（一二六二）関東下知状』があり、この中に次の条文がある。

一、押取高宮村新畠作毛由事、

右、如定朝申者、件畠大豆・小豆・麻・苧・白苧・桑押取華、年来地頭下人下藤庄司作　畠也

高宮村は福光の南東に位置する農村地帯である。ここには、式内社・比賣神社が鎮座する。関東下知状から、鎌倉時代には高宮村では大豆や小豆だけでなく大麻、そして苧麻や白苧というカラムシ系の植物、桑が栽培されていた。この事からこの一帯では麻や絹が織られていたことを伺い知ることができる。

南砺市高宮付近

八講布・五郎丸布

砺波地方で織られた布では八講布・五郎丸布が著名であった。

八講布は、奈良時代、小矢部市八講田付近で織られていた布を指す。一般的に布幅は鯨尺で一尺（三十八㎝）程度であるが、八講布一尺二寸（四十六㎝）長さ七丈で一疋とし、男子の和服の正装である裃地として需要があった[1]。

桓武天皇（在位七八一年〜八〇六年）の創建と伝えられる八講田本叡寺には、八講布発祥の由緒が書かれた石碑が建つ。八講布の由来は、寺伝では、本叡寺は桓武天皇が法華八講という法会を施行した寺の一つで、その際、村の婦人達が織った

本叡寺に立つ八講布の由緒を記した石碑

麻布を供えたので八講田村と称するようになったという。

八講布が織られた近村、五郎丸では五郎丸布が織られていた。五郎丸布は鯨尺で幅一尺一寸。長さ十丈で一疋とし、京都地方の神社仏閣の祭礼に張り巡らす幕地としての需要があり、白布で出荷された。(2) 八講布には上布・中布・下布・幅広・うね布という商品の区分があった。(3) 上布とは薄地で上質な麻織物を指す。上布は中布・下布よりも高価であった。(4) 越後上布とか能登上布が今日伝わるが、柳田国男は上布とは高級な布地と解釈していた。(5)

明治四十二年に著された『西砺波郡紀要』の八講布の条に、「古より越中国に多く布を織り出せども八講布もっとも名あり」とある。しかし元禄の頃には織られなくなっていった。

川上布

小矢部川上流域で織られた布を川上布と称した。当時、河上十郷として、太美郷十六ヶ村。広瀬郷十一ヶ村。山見郷二十九ヶ村。井口郷十一ヶ村。高瀬郷十二ヶ村。院林郷四ヶ村があった。

川上布の初見は天正十四年（一五八六）、前田利長の川上布百六十九反の受け取り状で、この事からも中世より砺波郡では山麓の村々で盛んに麻布が織られていたことが知れる。この辺りは戦国時代は一向一揆が支配し、越中の他の地域と比較して戦乱も少なく、むしろ大坂の石山本願寺に加勢するほど政治的には安定しており、戦乱も少なく機織りが伝承されてきたのだろう。

宝暦四年（一七六四）の書上には川上布は細布《さよみ》とも呼ばれ、土生から才川七、香城寺一帯の山間地で織られていた。(6) そして川上布は八講布よりも上質であったという。(7) しかし元禄八年（一六九五）には八講布は織られなくなっていた。その後川上布が八講布の名称を引き継ぎ、砺波一円で織られるようになった。

麻布の商品開発

砺波一円で織られた麻布であるが、寛政年間（一七八九〜一八〇〇）に至って戸出では虎縞という緯糸を太くした布を開発した。製品は粗いが価格が安く需要があった。(8)

また福光では紋布（天文唐草地紋・天明三年（一七八三）に始まる）・布縮縞（天明二年に始まる）・蚊帳紋（刈安染）・麻苧・苧紵・虎縞（寛政年間に始まる）・横布（タテは綿糸・横は麻糸）・梅染（梅谷渋で紅梅に染め馬の手綱に使用）などの品種があった。(9)

麻布の材料としては、経糸は大麻、緯糸は苧麻であった。これらの麻苧は、当初は村落で栽培されていたが畑が稲作に転じ、江戸時代には経糸は五箇山の白苧が使われ、緯糸《よこいと》は出羽国最上産の苧麻から繊維を取り出した青苧を高岡商人から買って苧績みして使用した。

当初は苧麻で織られたとされる麻布だが、越中布と称される延享三年（一七四六）の布地を繊維分析したところ、経糸が大麻で緯糸が苧麻であることが報告されている。[10]

福光麻布の成立

砺波平野で織られた麻布は、小松絹と並んで加賀藩を代表する産物の一つとなっていった。砺波には加賀藩が品質を保証する布判押所があり、高岡や今石動、戸出の商人達が麻布を扱っていた。また、布だけでなく麻糸である苧綌も販売していた。当初は町方の商人が麻布を扱っていた。

一方、麻布の産地であった旧福光町では、一反・二反という少量の布地や苧綌を取り扱う小商人達が村々を廻り、活躍を始めていた。江戸中期からは福光村に多くの郡方商人が集い取引するようになった。やがて豪商と呼ばれる郡方商人達が台頭し、麻布の扱い高が増え、福光が麻布の集散地となっていき、享保十年（一七二六）には福光に御用布等買上役人が置かれた。

江戸後期に至り、福光村には前田屋源兵衛・和泉屋伝右衛門・油屋善吉という大商人が出現する。特に前田屋源兵衛は銭屋五兵衛と関係深く、常に三十万両ばかり出し入れの管理を任されていた。[11] その店舗は現在の富山第一銀行福光支店十字路横で現在は道路になっている。『福光村絵図天明五年』では、ここは今と同様十字路であった。前田屋はこの街路を潰して店舗を構えた。その背後には銭屋五兵衛がいたのであろうか。前田屋の往時の勢いを知ることができる。

この頃、福光商人の麻布の販路は京都、大阪、越前、江州、富山（富山藩）江戸、越後に及んだ。[12] 江戸時代の初期には、砺波の麻布は八講布と呼ばれていたが、この頃から「福光麻布」という名称が一般的に使われ始めたと考えられる。

手元に、文久二年（一八六二）の銘が入った苧桶がある。この苧桶は砺波平野で使われていたものだという。

この苧桶の裏には、

文久二　酉六
改　■　奉納
権兵衛

との墨書がある。

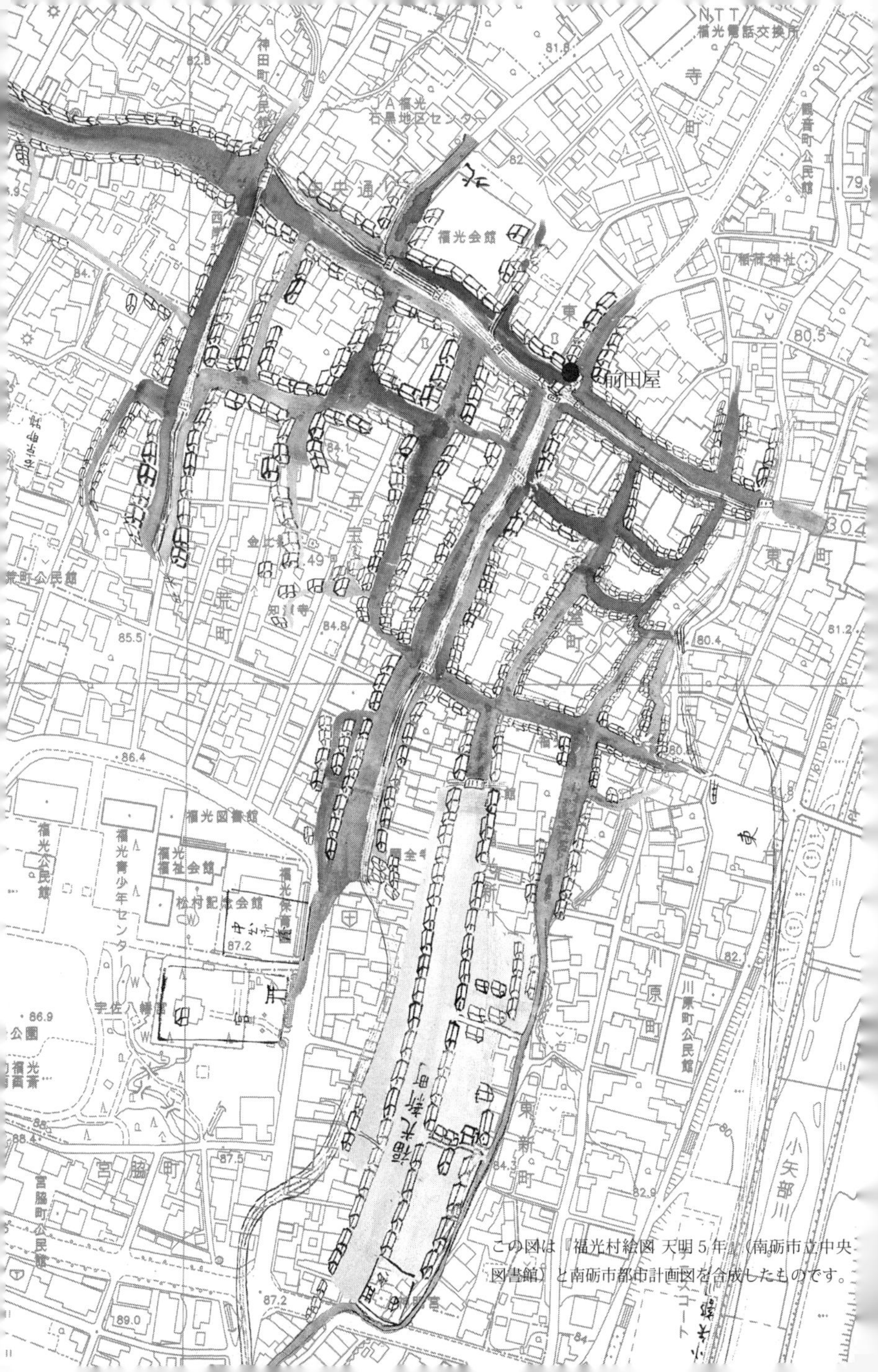

この図は『福光村絵図 天明５年』（南砺市立中央図書館）と南砺市都市計画図を合成したものです。

権兵衛なる者が、績んだ糸を桶ごといずれかの社寺に寄進したのであろう。この苧桶から、江戸時代には人々が苧を績んでいたことを明確に示す資料である。なお文久二年の干支は壬戌で辛酉はその前年である。

安政五年（一八五八）には、福光商人が扱う布の量は、生平・晒布・霜降布・萠黄布・虎嶋・嶋布など五八千疋に及んだ。

江戸時代、砺波郡の麻布は農村の冬季の副業というよりも、現代まで続いた布問屋特有の生産体制があった。その体制とは請負制度で、家内労働者が問屋から麻苧を借り受け手績みし、機を織って苧を借り受けた問屋に持参して織り賃をもらった。[13] 苧績みと織は別人によって行われ、弘化二年

苧桶

錢屋《ぜにや》五兵衛《へゑ》と

福《ふく》光《みつ》町《まち》（一）

夢野三平

漂渺たる日本海の怒濤白砂の濱に打寄せて、洪濤渦巻く頭無き犀川の一水北流して海に注ぐ所、宮腰の浦あり、今は金石と呼ぶ、人戸數百商船漁業を以て生業と爲す、金石は金澤を距ると一里餘山一つ越えて福光に七里、彼の日本

◆海運史上に特筆大書すべき、幕末の海運王錢屋五兵衛は明和八年十一月即ち、西暦一千七百六十八年世界の英傑奈翁が、コルシカの孤島に生れた後三年に金石に産聲を揚げたのである、八十有餘年の彼が生涯は、風濤を恐れず、數百艘の商船を指揮して海洋を乘り廻し日本海は云ふも更なり太平洋及遠く亞米利加に到りて

◆通商貿易を爲し、巨萬の富を作り、奢侈の極を盡くし、怪傑の名を千古に恣にして嘉永五年牢死した史實は悉く人の知る所である。福光町は怪傑五兵衛によつて啓發された町と云ふも敢て拙辯では無い、見よ福光町の生産物として殆と全町の生命を握れる絹綿業の發達を、彼は絹綿輸出の根據地として

◆山越七里の地である福光町を選んだ、即ち福光に於て家庭工業的に製出された絹綿は一端同町の富家前村の手に渡り而して錢屋五兵衛の買取る所となつた、前村の富は五兵衛によつて築き上げられたものである、惜む可し前村家は其後没落して現に後藤氏は何れへか轉じ西町の舊宅は醫師西村樂齋氏の宅となつて居る、獨り絹綿業の

◆家庭工業は日に隆盛に赴いて、今や一戸に二つ三つの釜を所有して業を爲すもの千三百餘戸に達し、其生産能率も町村を合して年々七八十万圓を下らない、五兵衛牢死して六十有餘年、彼が恩澤は此所に倍々潤ふて居る、怪商五兵衛たるもの地下に冥してひそかに微笑して居るとであらう、以上の史實は明治維新後に於て、五兵衛の子孫から

◆前村家に對して、五兵衛名取前に托せられた絹綿取戻しの告訴が裁判所に提起され、紛爭數年を重ね第一審に於て五兵衛方の勝訴に歸したが、大審院に於て前村側の辯護士より、日本の法律には制定されあらざるも佛法に規定する時効と稱する條項があつて、此種の爭議は我國でも此時効を參酌して

◆時効を以て消滅せしむ可きものであると論じ、當時の法官は餘程頭の新しい人であつたと見へて、遂に五兵衛方の敗訴に歸した、日本に於ける最初の時効問題もツマリ五兵衛が作つたとになつたのである

銭屋五兵衛と福光町　大正 10 年 7 月 27 日　富山日報

（一八四四）の苧績み賃は一日五十文から七十文、織賃は八十文から九十文であった。当時の米一升の値段は五十文であった(14)。これらの作業を担ったのはすべて女性達であった。

麻の布地の呼称は、福光では織り上がった布を生平《きびら》と称した。これを晒して白い生地とした。晒しの工程は、わら灰の灰汁を用い、麻布をぬらしてその上からキネで打ちたたき、そして小矢部川で洗って天日干しする。この晒し場の遺構が今も旧福光町の天神地区に残っている。

現代に入って、福光町の麻問屋・舟岡商店では経糸・緯糸とも大麻の苧を扱った。苧は当所、群馬県から仕入れていたが、やがて栃木県から仕入

高機（南砺市城端・織館）

れるようになっていった。また地元の農家で産した麻の苧を績んだ麻糸も仕入れていたが、これは品質にバラつきがあって商品には使えなかったようだ。

昭和天皇の大喪の礼では、装束に用いられる麻布は福光麻布が用いられた。しかしその後、舟岡商店は店じまいする。麻の需要減が大きな理由だ。また福光麻布が途絶えた理由のひとつに、江戸時代から続いていた苧績みと織の分業があったのだという。つまり江戸時代より苧績みと機織は別々の技能者によって行われていた。そのため苧績みができなくなると糸が入らなくなり機織もできなくなっていった。

織機であるが、当初は地機で織っていたが、明治三十年以降は効率の良い高機で織った。福光麻布が『日本の伝統織物』で取材された昭和四十二年当時、手績みする人は百人であった。また機織する農家は三十～四十軒ほどであった。高機と地機の使用比率は後者の方が全体の一割であった。高機の場合、経糸は紡績した糸で緯糸は手績み糸を使う。地機の場合には縦・横とも手績み糸であった。また全国で地機が使用されていたのは小千谷紬・結城紬だけとなっていた。結城紬は国の重要無形文化財に指定されている。結城紬には結城地方の織物技法が伝承され、今も多くは地機で織られている。

戦前の麻工場

富山には豊富な電力があり、次々と麻織物工場が建設されていった。大正六年四月に山室に創業された第一ラミー株式会社は、苧麻を原料とする事業で、富山地方鉄道不二越線西側一帯に大規模な工場群があり職工は四五十人を数えた。大正製麻富山工場は大正十年に上新川郡奥田村に建設された。主要な事業は麻糸の紡績であった。

また軍事用として亜麻の栽培が始まり、富山には日満亜麻坊織株式会社の富山工場が建設された。これらの工場は、いずれも昭和二十年八月の空襲で灰塵に帰し、二度と再建されることはなかった。

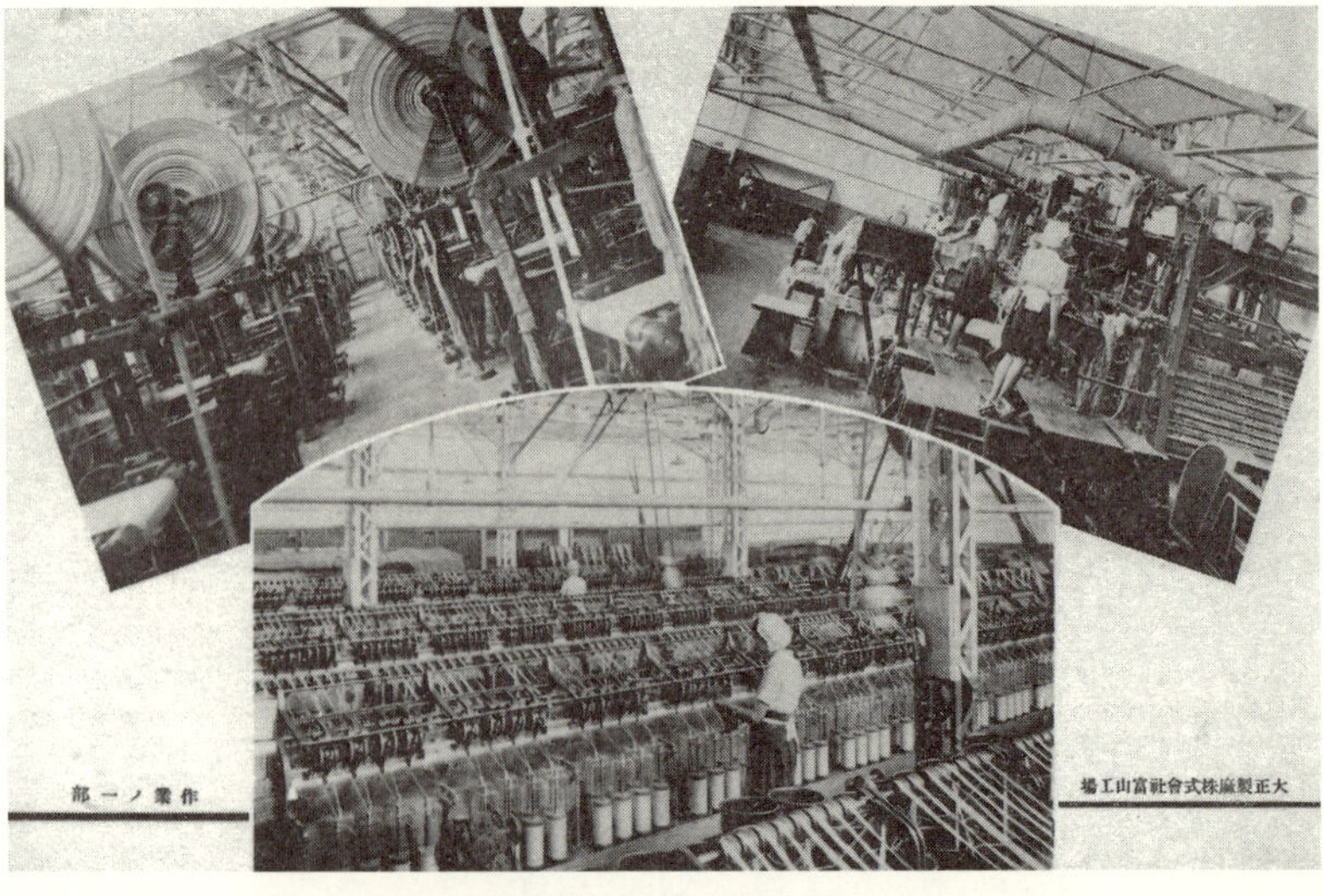

大正製麻株式菓会社（絵はがき）

注

（1）福光町商工会誌　1981年　福光町商工会
（2）（6）（13）　同右
（3）加賀藩流通史の研究　1990年　高瀬保　桂書房
（4）（7）　同右
（5）木綿以前の事　1939年　柳田国男
（8）戸出町史　1972年　高岡市戸出町史刊行委員会
（9）日本の伝統織物　1967年　富山弘基　大野力　徳間書店
（10）四大麻布　2012年　十日町博物館
（11）福光町史　1971年　福光町
（12）（14）本著　近世越中織物業の発達　参照

麻織の工程

かつて農村では野良着を縫うため、人々はわずかばかりの土地で麻を栽培していた。麻畑について岩手県の事例では大半が十坪で広くても十五坪であった。そして多くの家には織機があり、これがかつての日本の原風景だった。

麻は夏に刈り取り、その表皮から繊維を取り出すことから始まる。福光麻布の生産工程は麻布の衰退と共に失われてしまったが、その工程について、織られていた当時に撮影された地機の写真、及び八ミリカメラで撮影された映像と、各地の麻布保存会の工程事例を参照して福光麻布の工程を復元し述べていきたい。

福光麻布地機
（昭和 37 年 5 月撮影・南砺市立中央図書館蔵）

1・苧ハギと苧引き

苧麻と大麻では工程が違う。大麻は繊維を取るための前処理として茎の束を蒸したり水に浸すなどして柔らかくし表皮を手ではぐ。苧麻は刈り取ったその日のうちに表皮をはぐ。これを苧ハギという。はいだ皮の表皮をオヒキガネという金属の板を使って削り繊維を取り出す。これを苧引きと呼び、ようやく白い麻の繊維となる。これを天日に干すと麻の苧ができあがる。

　野生の苧麻を採取して苧引き作業してみたところ、ペンキをそぎ落とす工具を使えば、苧を取り出す事ができたが、かなり熟練が必要である。

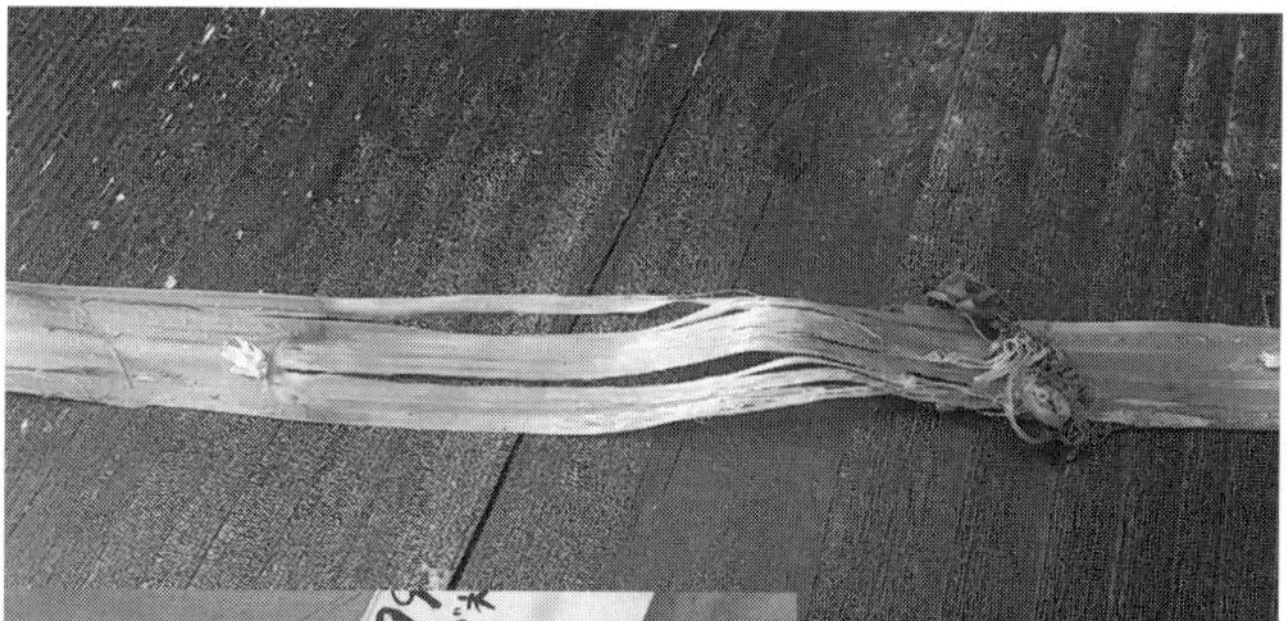

苧ハギすると白い麻繊維が見える（写真上）
オヒキガネ
（写真下
　砺波郷土資料館蔵）

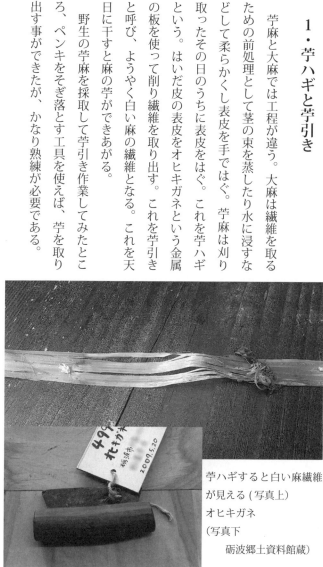

2・苧績み

この麻の繊維を繋いで糸にしていく作業を苧績みという。

繊維を左から右に績み糸にするのが通例で、績み手から見て左側に績んだ糸を入れる苧桶という桶を置く。苧の繊維はケバだっているのでこれに逆らわないように左側に茎の根本、右側に穂先がくるようにし太さを整えながら左手の爪で裂き、できた糸を何本も膝の上に揃えて置く。績み方には一本取りと二本取りがある。

一本取りは裂いた一本の繊維を繋ぐ手法で、左手に穂先、右手に次の繊維の根側を持ち左手（あるいは右手）の人差し指と親指で左右の苧を挟み、親指を左側に動かして左右の糸を撚り合わせる。捻じった先端は右側の次の糸方向に倒し、両方合わせて績み始めた方向から見て反時計方向に捻じり合わせて一本の糸につないでいく。

二本取りは裂いた二本の繊維を用いてつなぐ手法で、糸を二本で績

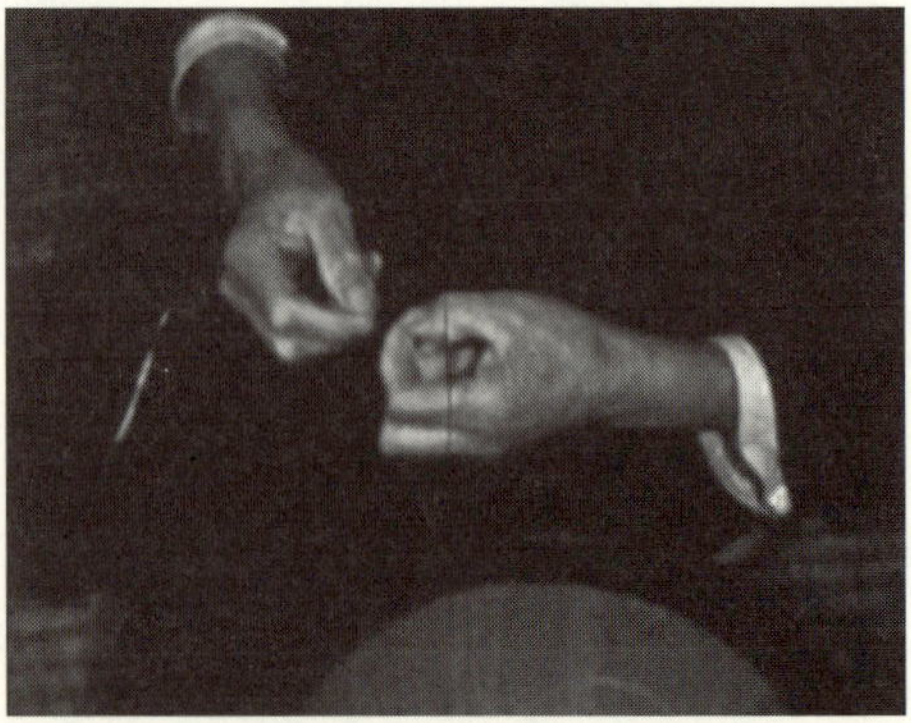

福光の苧績み作業

この写真は昭和36年撮影映像。福光の苧績みは一本取りなのか二本取りなのか判っていない。

み、短くなった糸をつないでいく。左手の親指と人差し指でつなぐ糸の合計三本を持つ。次に短い糸とつなぐ糸を右手の親指と人差し指で摘み、親指を手前に滑らせて糸を捻じる。次に長い糸も同様に捻じる。捻じった二本の間に中指を通し間を空け、引きながら双方を捻じり合わせる。左手は動かさない。この作業時に水を入れた湯呑を置き、指に水を含ませてると作業し易い。膝に裂いた苧の繊維を並べ同じ太さに績んでいく。

布には数百本もの経糸が必要で、一反（十二m）もの均質な布を織るには、丈夫で均一な太さの糸を績みだす熟練した技量が求められた。

苧績みした後、苧桶に入った糸を取り出すには苧桶をひっくり返すと、最初の糸の苧の先端を取り出す事ができる。苧績を始める前に目印を付けても良い。

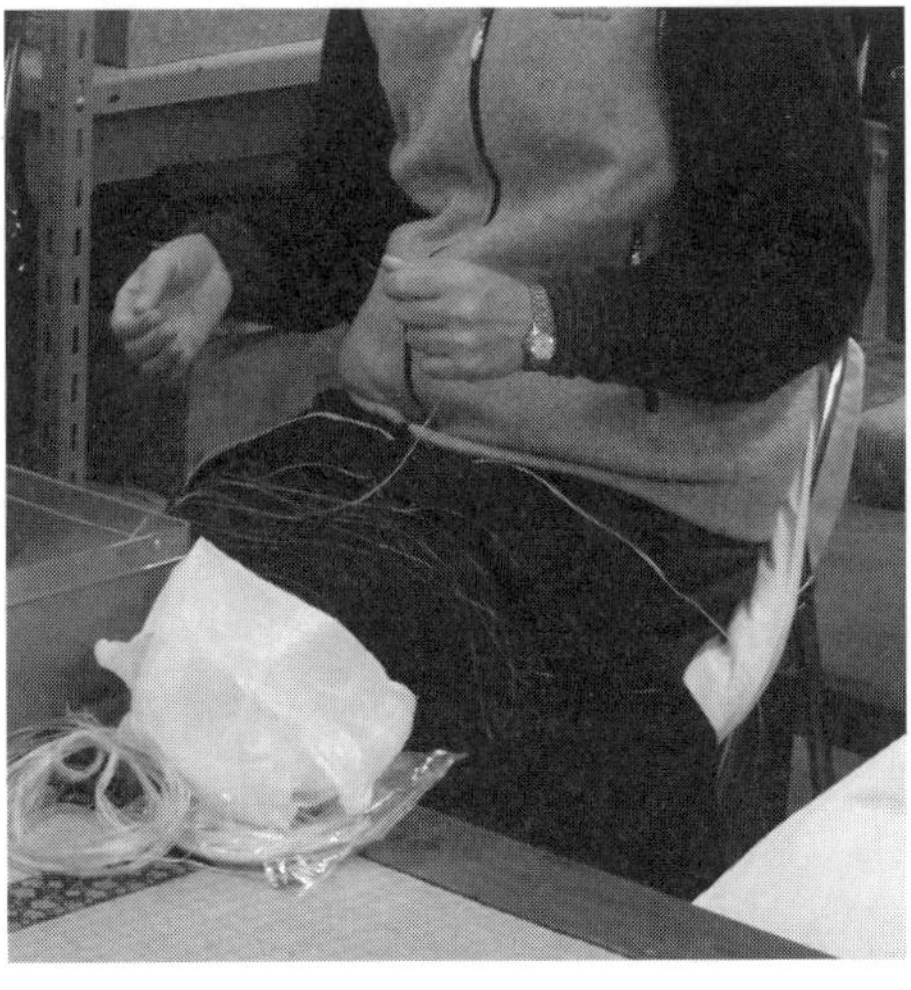

苧績み作業
奈良晒保存会

3・撚り

次に撚りかけであるが、経糸の場合強度が必要で、そのため回転させて撚りをかける紡錘車が古来より使われていたが、やがて糸車が伝来し砺波平野でも広く用いられた。

糸車の原理は、糸を糸車の糸巻棒に垂直に置くと糸は棒に捲かれてしまうが、糸を斜めに引いて糸巻き棒の先端から外れないように引っ掛け、糸車を廻すと糸は棒に巻かれず糸が捻じれて撚りがかかる。その後撚りのかかった糸を糸巻棒に垂直に置いて棒に巻き取る。この動作を繰り返して糸に撚りをかけていく。

下の写真は南砺市城端にある、じょうはな織館で

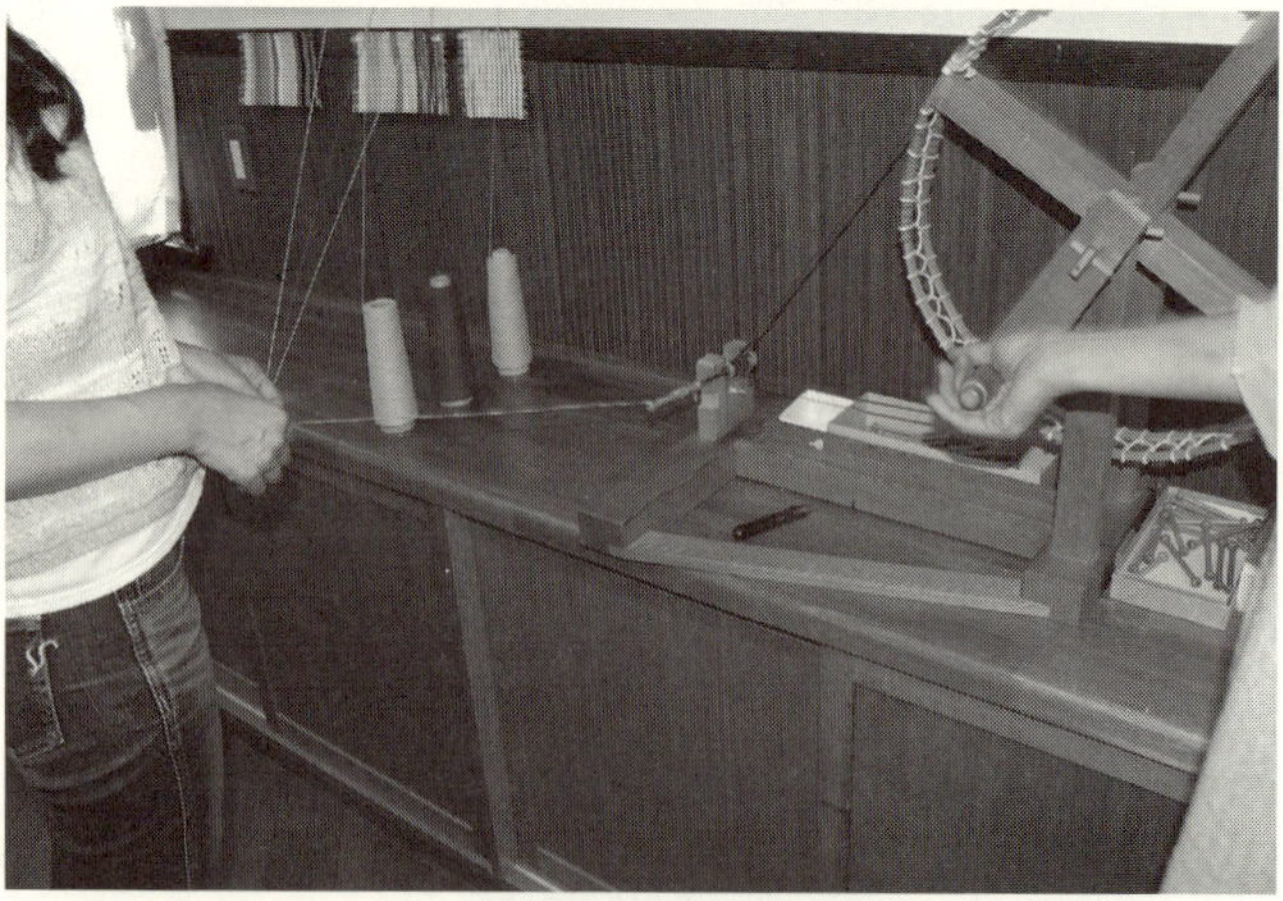

糸車を使った撚り
じょうはな織館での実験風景

三本の糸を使い撚りを実験した写真である。

糸車を使った撚りかけ（昭和 36 年撮影映像）

撚りをかける

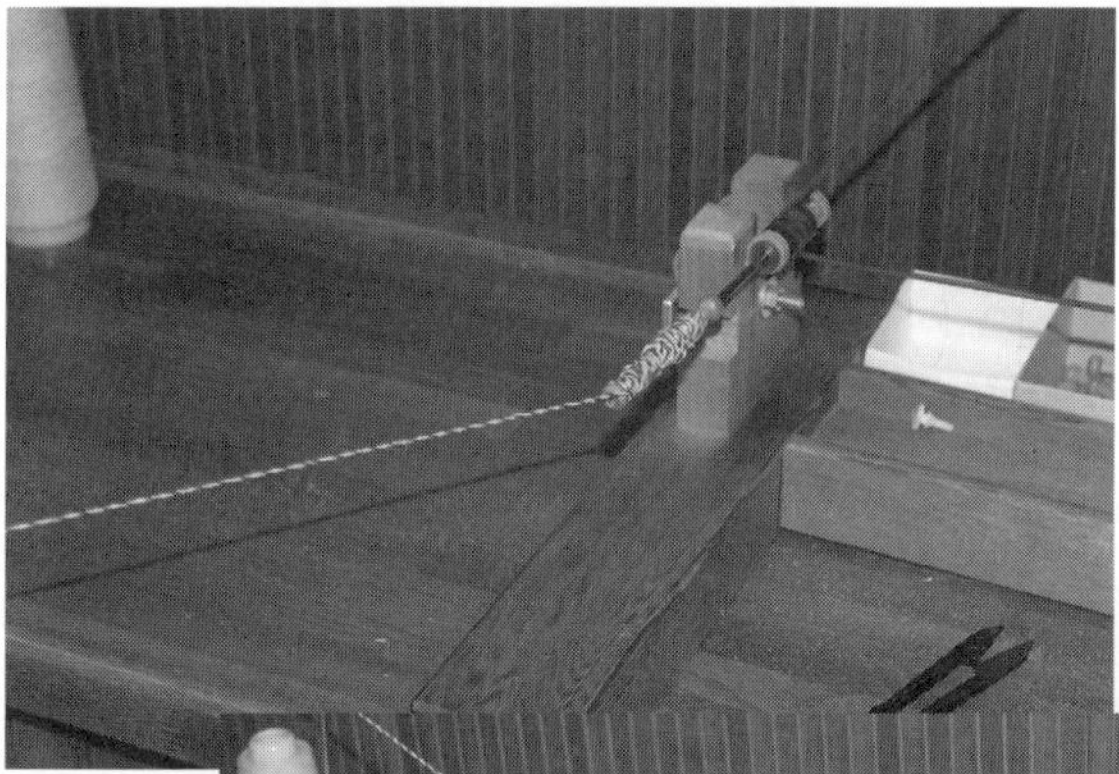

巻き取る

4・整経

織物は経糸に緯糸を交互に組み合わせてでき上がる。そして一本一本の経糸を織物の長さに合わせ一定の張力にして揃え整えることを整経という。

そのための準備作業として、まずは織物に必要な経糸を、交互に指二本を使い糸をとり、順番に綾《あや》を取る工程が必要になる。「あやとり」遊びの語源ともなったこの作業は、経糸を木枠に巻き付けた後、整経台を使い、木枠に巻き付けた糸を織物の経糸の本数・長さ・順序に整えて行く。これにより織物の骨格が決まる。整経した経糸は鎖状に束ねて編んでいく。

下の写真は砺波市民具館に所蔵されている整経さ

整経作業
（昭和 37 年 5 月撮影・南砺市立中央図書館蔵）

れ鎖巻された苧絈で『福光ミソヤ町　舟岡商店』の札が付いている。この苧絈は本来は麻問屋・舟岡商店の所有物で、布に織る予定であったものが何らかの理由で機屋に残った物である。

　整経が終わったらシャムトリという糸に糊を付ける工程がある。麻糸は細かな糸が毛羽立っているので糊で固める。次ページの写真が糊付け作業風景。福光では糊にはシャンベという粟の一種のものを臼でひいて粉にし、この粉に麦粉とフノリを混合したものを使う[1]。糊は手に付けて糸に擦り付け、刷毛で丁寧に塗り付ける。糊付けした経糸はチキリと呼ばれる筒に巻き付けていく。このチキリを巻くには、巻く人、引っ張る人、糸を揃える人と三人は必要だったという。

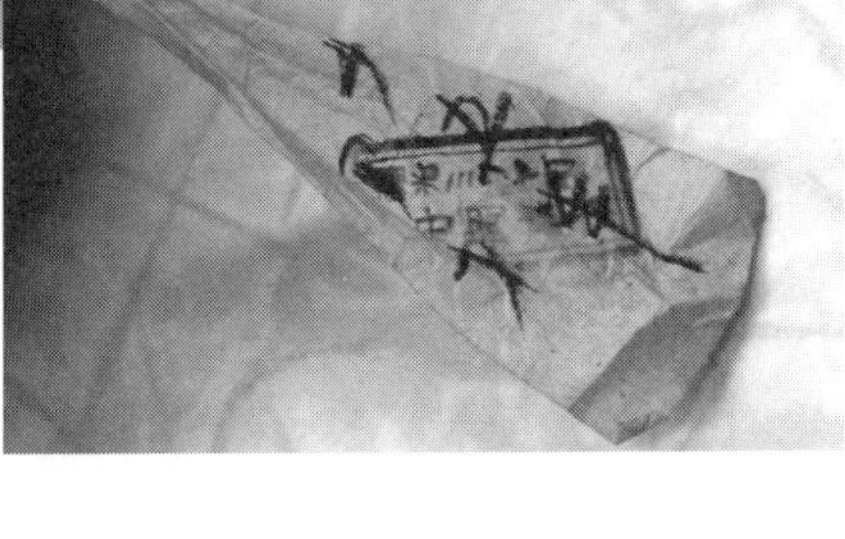

苧絈
（砺波郷土資料館蔵）

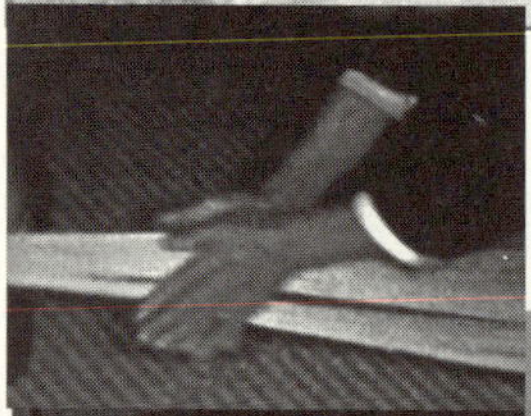

シャムトリと呼ばれる糊付け作業
糊を手で塗付け刷毛でこする。
（中写真　昭和 36 年撮影映像より）

糊を付け刷毛でこする。
（上下写真　昭和 37 年 5 月撮影・南砺市立中央図書館蔵）

5・筬《おさ》通し

竹筒に巻き付けた経糸を、綾取りした順番通りに筬に通していく作業を筬通しという。筬とは竹製の櫛のような羽が連続して細長い枠に入っているもので、櫛状の列の間にそれぞれの経糸を通し、経糸の並ぶ順を整え緯糸を打ち込むのに使う。

反物の幅は基本的に一尺であるが、この筬によって反物の織り幅等が決まる。地機の場合、この筬と杼《ひ》を使って布を織りあげていく。

現在では竹製の筬はほとんど作られておらず、金属製の筬が主流となっている。下の竹製の筬は古物商から入手した。

筬

6・綜絖《そうこう》通し

織物は経糸を一本づつ交互に上下させ、その間に緯糸を通して織り上げていく。その経糸を上下させるために必要なのが綜絖である。織機の構造によって綜絖の形式も異なる。今回、福光麻布で復刻した織機は地機であり、地機の綜絖は、足輪を使いこれを手前に引くことでその動力を招木に伝え、これで綾取りされた経糸を招木に縛りつけた糸で吊り上げ上下させる構造である。この綜絖形式を糸綜絖と称する。

この糸綜絖を通す作業は、交互に綾取りした糸をその順番通りに交互に通していかねばならず実に根気と熟練のいる作業である。

高機用の綜絖（砺波郷土資料館蔵）

7・緯糸

経糸が準備できたら緯糸の準備をする。下の写真は台を使い苧ぼけからの糸を整えながら、糸車の巻棒に緯糸を巻いている写真である。績んだ緯糸は撚りをかけずに巻き取る。当時の映像では緯糸を水の入った容器を通しているが、これは績んだ直後の苧ぼけの糸はケバ立っているので水に浸してケバを真っすぐに伸ばす役目を果たしている。

水の入った容器
（昭和 36 年撮影映像）

緯糸の準備作業
（昭和 37 年 5 月撮影・南砺市立中央図書館蔵）

8・織り

地機は布巻棒を腰当てで骨盤に当てて強く縛り、経糸をピンと張りながら織る。緯糸は杼と呼ばれる道具を使って通す。

杼には緯糸を巻き付けた管巻を入れ、杼の中央に開いた穴から糸を出し、これを左右に動かして一本糸を通す毎に綜絖を上下させる。通した緯糸は杼と筬を使い、糸を手前に寄せて打つ作業を繰り返す。その際、緯糸を強く引きすぎると布幅が一定にならない。

次ページに昭和三十六年当時に撮影された福光麻布織手順を示す。

注

（1）日本の伝統織物　1967年　富山弘基　大野力　徳間書店

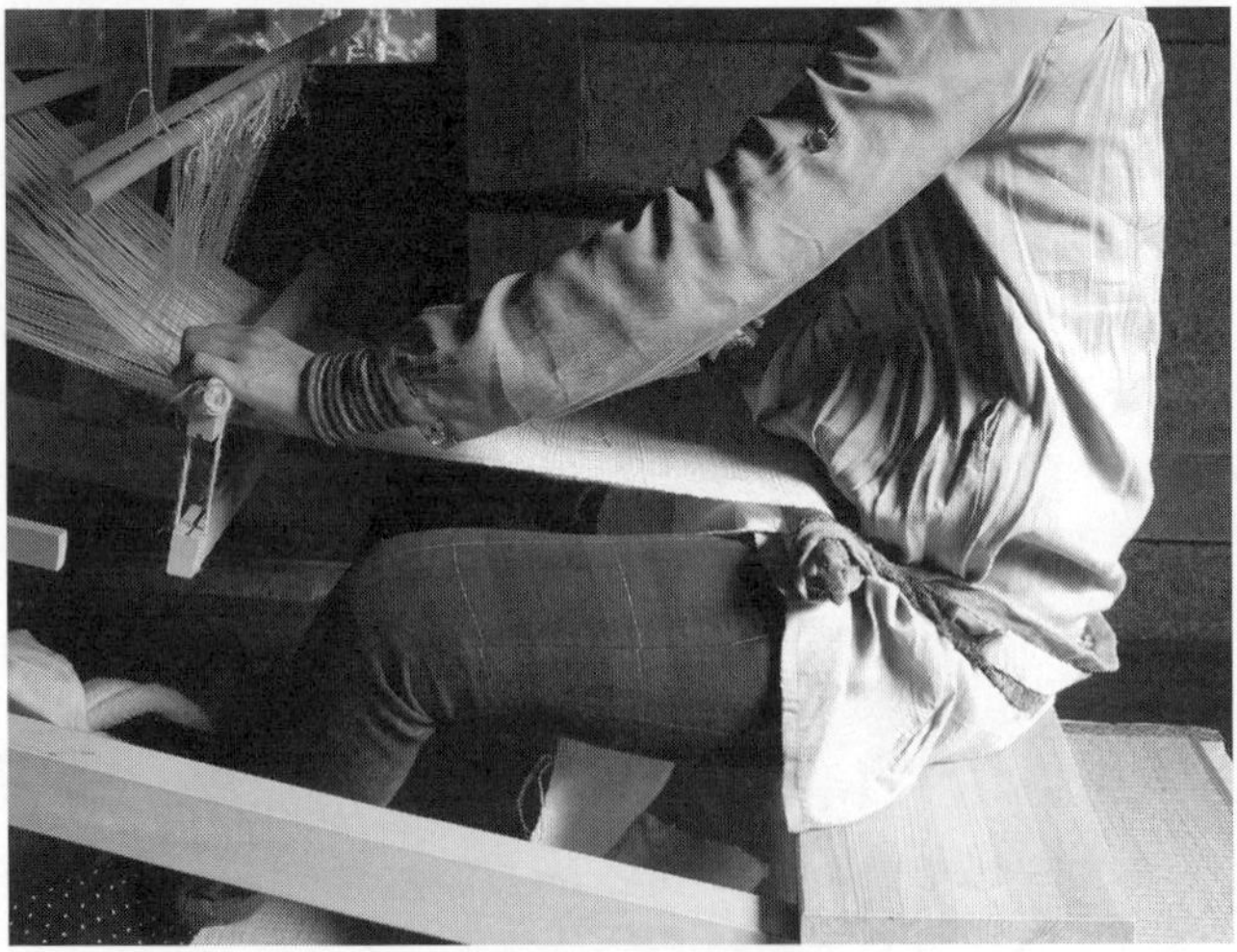

布巻棒と腰当て

福光麻布織手順

（昭和 36 年撮影映像）

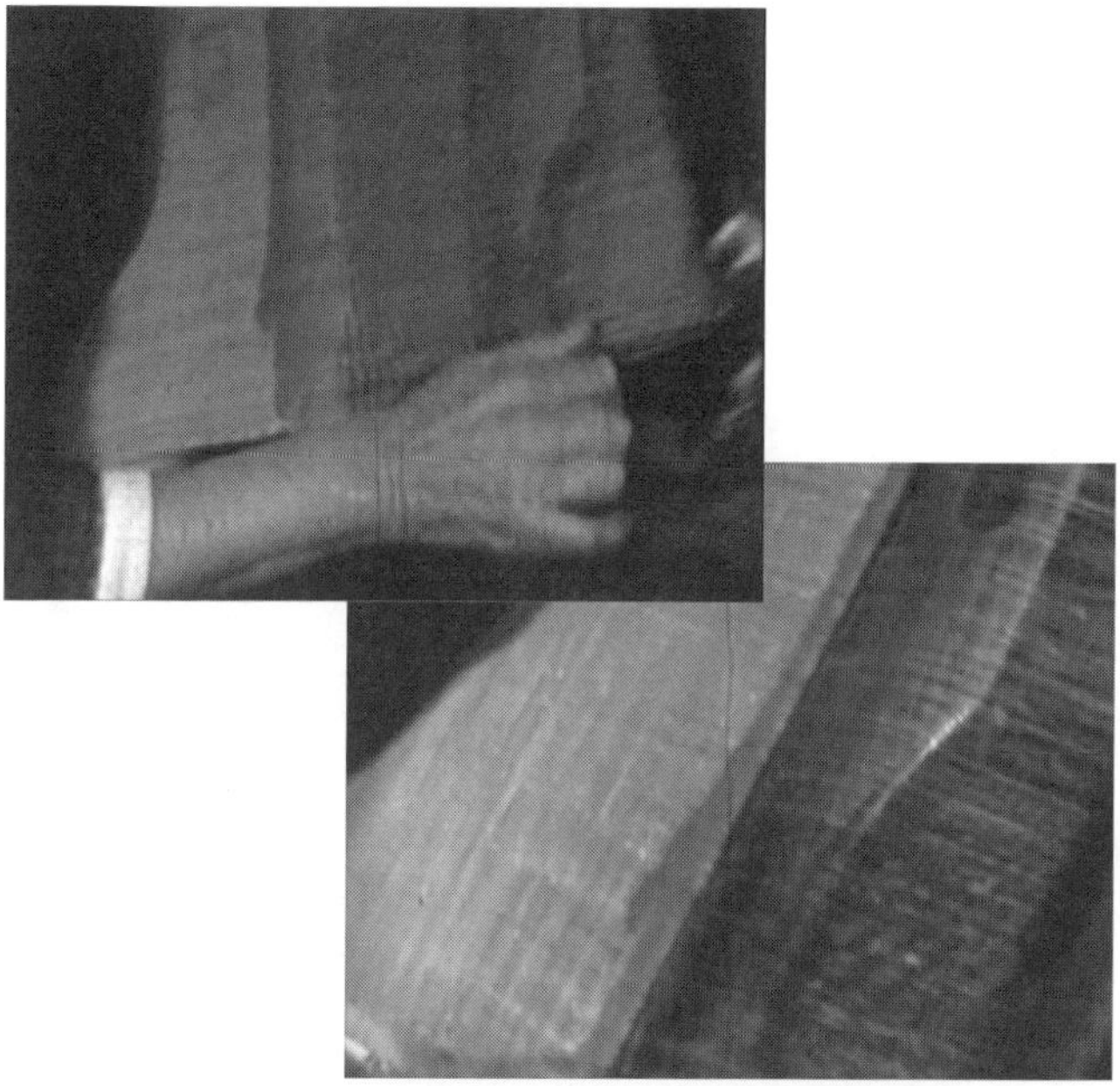

織りは、杼は一回だけ打つ

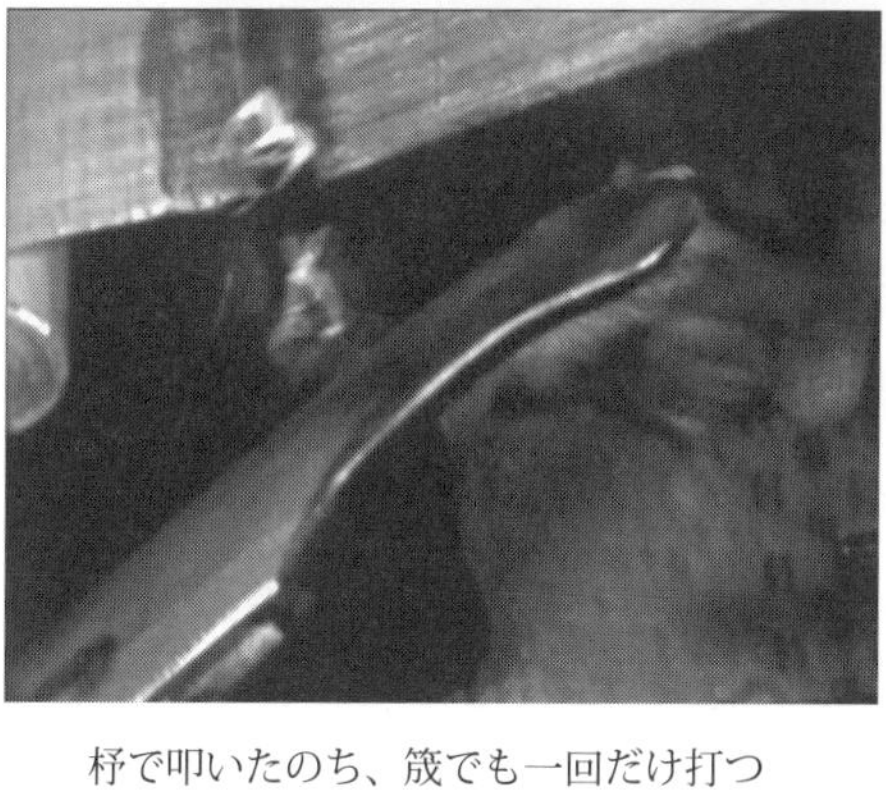

杼で叩いたのち、筬でも一回だけ打つ

福光の地機

右足の足環を伸ばしてまねきを下げると綜絖が下がる。この綜絖と筬の間に隙間ができるので、その経糸の間に杼を入れる。

写真には左手前に水の入ったボールと緯糸を巻いた管巻が見える。地機の場合、緯糸はボールの水で湿らせて織ったという。

（写真：昭和 37 年 5 月撮影・南砺市立図書館蔵）

足環を手前に引いて綜絖を吊り上げると経糸の上下が入れ替わりその間に杼を入れる。女性たちは機を織り始めたら立つことが無かったという。織手の右側に棒があるが、これはチキリを押して倒し糸を繰り出すための道具である。

（昭和 37 年 5 月撮影・南砺市立図書館蔵）

地機復刻に向けて

砺波平野は米所であるが、江戸時代には絹・麻で栄えていた。その麻の集散地であった福光は麻布の里であった。しかしその痕跡は、味噌屋町に旧麻問屋・舟岡商店が残るのみである。

旧福光町農林漁業資料館には、旧福光町で織られていた麻織り諸道具が、今も収蔵されている。その中には、ほぼ完成な状態に近いといえる地機も一台ある。そこで、奈良時代からの日本の伝統的織物ともいえる福光の麻布についての記録保存もあり、当時麻を栽培していた農家への聞き取りや地機での機織りを復元して麻布を織り、かつての農村風景や織りに至るまでの課程を記録しようというプロジェク

古い地機
旧福光町農林漁業資料館

トが桂書房で企画された。

　そこでかつて麻問屋だった舟岡商店を訪ね記録保存について相談したところ昭和三六年代に撮影された記録フィルムを見せて頂いた。この記録フィルムには麻苧を績み、機を織り、そして晒しに至る麻織りの工程が詳細に記録されていた。

　栽培に関して、太美山地域の農家では麻に関する伝承はかなり失われていたが、小院瀬見の農家の屋根裏には苧ガラが束になって残っていたし、吉見の農家には、かつて栽培されていた大麻の苧も残っていた。

　機織りに関しては、資料館に、ただ一台だけ残る地機は損傷が激しく、これで機を織るのは困難である。そこで資料館の地機を参考に新規に地機を復元

小院瀬見の旧家から見つかった麻布

することとなり、製作は、砺波市の宝田家具製作所が担当することになった。

一連の記録保存のための撮影は舟岡商店と立野脇で行った。

機織りの撮影は旧福光町農林漁業資料館を借用して行った。資料館には当時の農家が再現されていたからである。資料館で整経し準備して麻織りの復刻作業を開始したが次々と問題が発生した。最初に発生したのは麻が毛羽立ち、筬を通らないという問題であった。ここで麻の経糸を糊付けする意味を知った。その次に発生した問題は綜絖をかけることが中々出来ないということであった。そのため、期日内で麻を織る事ができなくなった。結局、資料館では織り上げることが出来なかった。その背景には地

旧福光町農林漁業資料館

機で麻布を織る技能がまったく失われていたからである。

実機を資料館から宝田家具製作所に移し、幾度もの調整を重ねてとりあえずは復刻した地機で布を織り記録映像を撮影することが出来た。この地機であるが、現在は南砺市小院瀬見の古民家を改装して設置してある。

福光麻布展示室

旧麻問屋　舟岡商店を訪ねて

福光麻布の取材は、かつての麻問屋の風情が昔のまま残る、福光・味噌屋町の旧麻問屋の舟岡桂子さん宅を麻ちゃん（西村麻美さん）が尋ねることから始まった。

麻ちゃん
こんにちは
表の看板を見て、昔のことについて伺いたいと思ってきたのですけど。

舟岡さん
どんなことでしょうか。

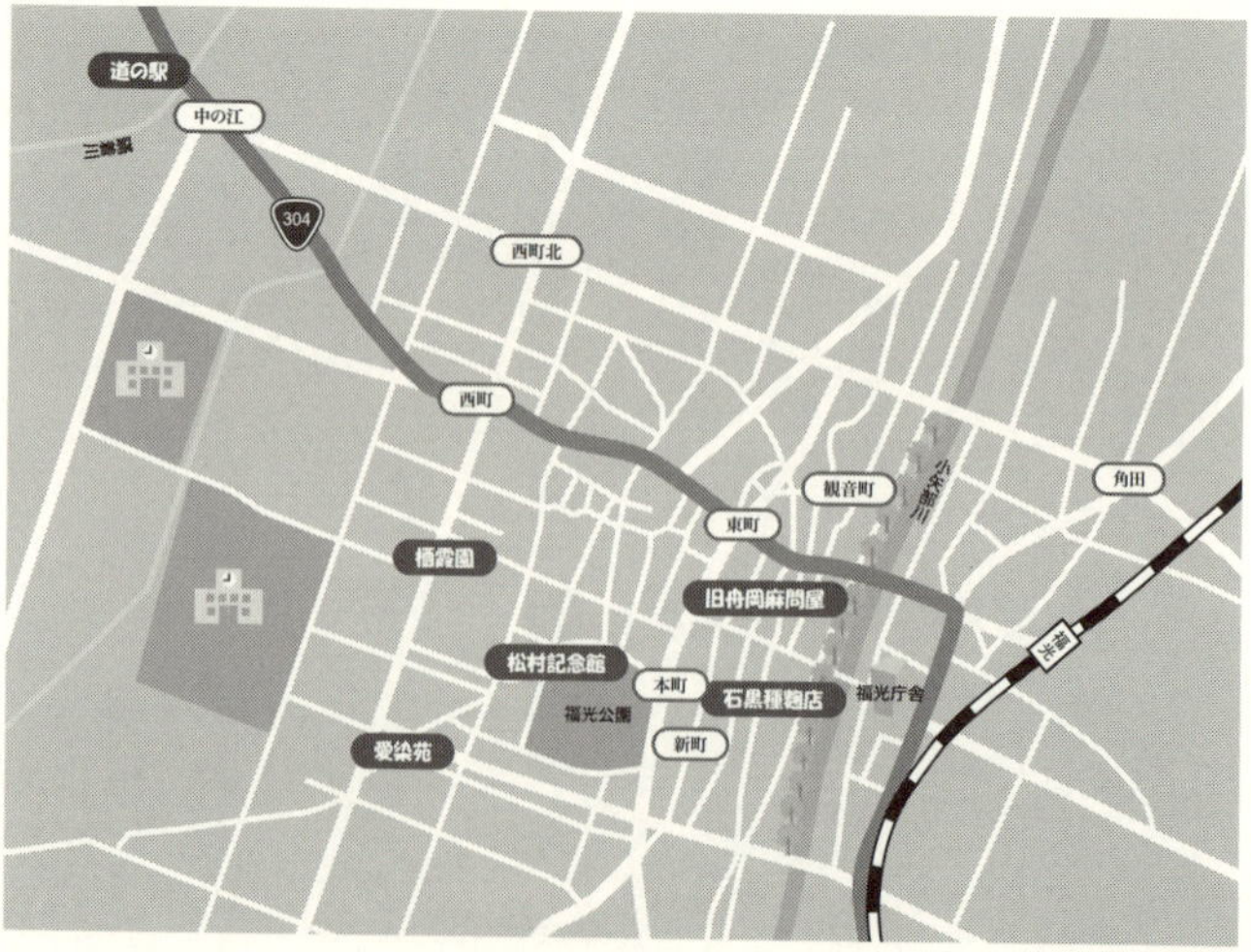

福光町の地図

麻ちゃん
舟岡商店さんはいつ頃からやっておられたのですか。
舟岡さん
明治中頃からです。百数十年経っています。戦時中は麻と生糸の両方を商いしていました。
三代前の方が店を起こし私で四代目です。今から十数年前に店じまいしました。
麻ちゃん
どうして店じまいされたのですか？
舟岡さん
緯糸のお績みをするおばあちゃん達が居なくなったのです。

旧麻問屋　舟岡商店

麻ちゃん　どうして引き継がれなかったのですか?

舟岡さん　高齢者にだけ頼っていた仕事なので毎年お亡くなりになり、緯糸ができなくなりました。福光は手績みの糸を使うのが特徴なので、これで織れないなら福光麻布の伝統ではなくやめようと決意しました。

麻ちゃん　それは悲しいですね。やむをえないかもしれないけど。

舟岡さん　やむをえないと思いますよ。今の人が習ってできる仕事ではないと思います。

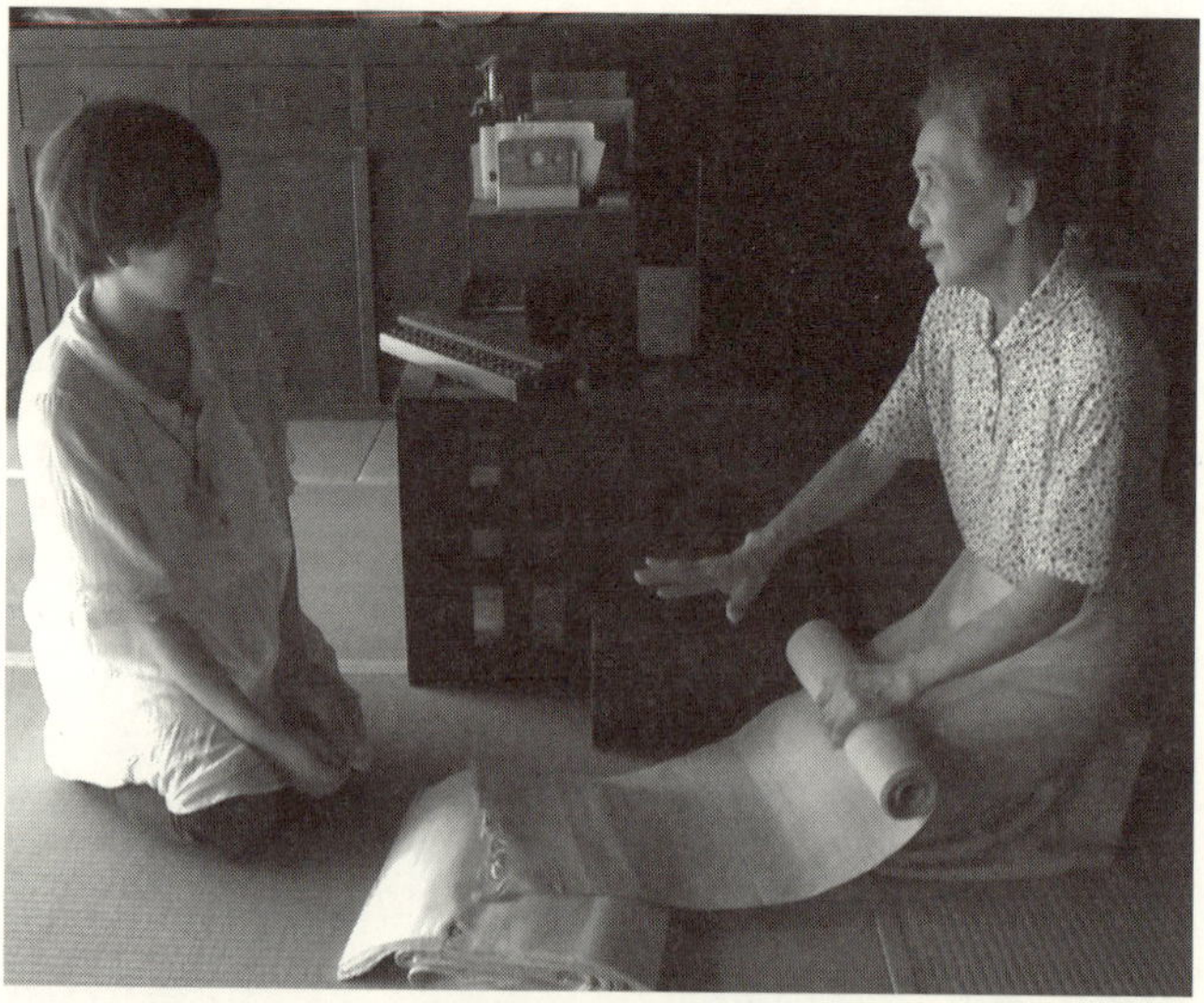

舟岡桂子さんと麻ちゃん

自分でやってみてもうまくいかなかったから伝承できなかったということですね。

麻ちゃん 居座織り（地機）は一番先になくなりました。

舟岡さん 舟岡さんは居座織りは。

麻ちゃん 私は居座織りはできません。

舟岡さん 居座織りできる人も。

麻ちゃん とっくに。それはもう早い時期にいなくなりましたよ。

舟岡さん その後は「たかおり」？

麻ちゃん 「たかおり」ではなく、高機（たかはた）という腰掛式の機で、これは紡績の麻糸を経糸に使って手績みの糸を横糸に使い杼ではなく片方の手は織る。もう一方の手は紐を引っぱるんですよ。そうするとシャトルという杼が行ったり来たりして機械化したものです。普通の高機は杼を持ち替えて織るんですけど、福光の麻布はチャンカラと言って滑車みたいな紐がついていてこれを引っ張ると杼が行ったり来たりして織る速度がはやいんです。需要も無くなったし、ここらで店じまいかなと思ったんです。

幼い頃から店を見てこられて継いだのですか？

舟岡さん
店を継ぐことですが、小さいころからおばあちゃんたちが苧を績んで持ってこられるとか、機を織ったのをしょって店先へ風呂敷に包んで持ってこられるというのを見て育っているわけです。

麻ちゃん
もう日常的にそのような。

舟岡さん
おばあちゃんたちが、お金をもったいないというんじゃなくて、この仕事を与えられているのがもったいないという喜びをおばあちゃ

舟岡商店の麻布

んたちから私は受けていたんです。

いつも「もったいない」と言って、手間賃がもったいないというのではなく、自分のした仕事が、また次の人の仕事につながって役に立っているという喜び。それが判っていたから店の番頭さんが居なくなったけどすぐ辞めなくて、その後二十〜三十年引き継いでやったんです。その頃はまだおばあちゃんたちがたくさん居たんです。苧を績むおばあちゃんたちが。だから手間賃だけで成り立っていたんじゃないと思います。

手先を動かす物を造りだす喜び、そのことをおばあちゃんたちから私は感じられたんです。だからどの仕事にしてもそうです。

舟岡商店の畳の縁は布に色が着かないように無地の麻布を使っている。

ほとんど分業なんです。一人の人が全部の物を織り上げるのではなくて、緯糸はこんな苧をおばあちゃんたちが持っていってそして績んで持って来るんです。それを織り手の人に渡して、色々な工程があるんですけど一つの物が出来上がるのに色々な人の手が入って出来上がる。

麻ちゃん
昔は一つ一つが手作業で作り上げて。

舟岡さん
一つのものをひとりで仕上げるというのは地機はそうです。地機は経糸の準備から全部自分でする。だから地機と高機の違いはずいぶんあるんです。材料の違いから製品の違いか

舟岡商店の店構え（昭和 44 年撮影）

ら。

（舟岡さん、店の奥から反物を取り出す。）

これが高機。腰掛けて織る。

これが地機。

糸の太さだけでなくて、触った感じとか。張りの具合とか。

麻ちゃん （触ってみて）ちがいますね。こっち（地機織）の方がしっかりしているというか。

舟岡さん 居座でも糸の細いのもありますよ。

麻ちゃん 使い込んでいくと軟らかくなっていくもんなんですか。

舟岡商店の店内（昭和 44 年撮影）

舟岡さん
そうですね。日本の麻は西洋の麻と違ってそんなに軟らかくならない。
麻ちゃん
ふう〜ん。
舟岡さん
西洋の麻はハンカチとか洋服生地とかトロっとして。
麻は夏の素材にいいです。
麻ちゃん
通気性がいいんですか。
舟岡さん
通気性はいいです。それにお洗濯が楽。
洗濯機もいらないし洗剤もいらない。水に漬けておくだけで落ちやすい。繊維の組織が荒いから。
それで脱水もいらない。
麻ちゃん
乾きやすい？
舟岡さん
繊維が乾きやすい。
掛けておけば良く、搾らなければしわになりません。
搾ってしまうと、しわしわになって大変だけど。
麻ちゃん
あそこにあるのもノレンなんですか。

舟岡さん

昔、この格子戸になる前の店には毎日ノレンを吊ってました。

店の前はまったく違っていたんですけど。その板のところにおばあちゃんたちが腰掛けて苧を持ってきたり織ったものを持ってきたり。

（以下省略）

舟岡商店での会話の一部を掲載した。この全容は別巻の映像資料に記録保存されている。

麻の里　立野脇を訪ねて

南砺市太美山地区の立野脇では戦後しばらく大麻が栽培されていた。その伝承や痕跡を求めて西井満理さんと立野脇を訪ねた。

満理さん
畑しておられるよ。
ちょっとお邪魔しましょう
こんにちは、お邪魔します。

おばあちゃん
は～あい。

満理さん
こんにちは、お伺いしたいことがあるんです

松本のばあちゃんと満理さん

けれどいいですか？

おばあちゃん

こんな格好しているけれど？何か撮とらっしゃるのでないか？九十や。もうそろそろ。

満理さん

お若いですね。

私、家は小院瀬見です。

おばあちゃん

へえ、あぁずっと上の。

満理さん

はい。

おばあちゃん

あのう、男の子学校行ってらっしゃるんやろ？

満理さん

はい。二年生になりました。

おばあちゃん

ありゃ、早いね。

満理さん

うん。

あの、昔この辺りでつくっとった麻の話を聞きたくてまわっとるんですけど、何か知っとられますか。

おばあちゃん

うん。麻は戦争終わりかな。

そんな時分までつくっとったけれど、それから辞めた。

畑につくっとったけれど。

満理さん
ふ〜ん。
じゃあここで麻つくっとった時に麻の世話もしとられましたか？

おばあちゃん
それは、おばあちゃん達。
私らは蚕の世話。
それをする役目やからおばあちゃん達世話しとった。

満理さん
この刀利までの筋は蚕でやっぱり盛んだったんですね。

おばあちゃん

かつて大麻が栽培されていた畑（立野脇）

元は、バスも来んかったのよ。ダム出来るようになってバス来たのよ。そやから、蚕してでも福光の東町のあそこらまで籠に入れてしょって行ったもん。嫁兼のほうからずっと通って。

満理さん
歩いてですか。

おばあちゃん
そやから、ダム出来る昭和三六年から。それから輸送の関係でバスくるようになった。輸送道路と言ってちょっこ拡張した。それが昭和三六年の十一月から

満理さん
ふーん。便利になったんですね。

おばあちゃん
うん。便利になった。そっから刀利ダムは全部おいでんから五カ村。

満理さん
五カ村？

おばあちゃん
五ヶ村は全部町の金沢や富山へ出てしまわれた。

満理さん
そしたら、麻の畑がどんなところにあったとか、麻を蒸すのに水をかけた水場とか。そんなんがどこにあったとか覚えとられませんか。

あの、皮剝ぐ前に蒸すのに草つんで。

おばあちゃん

ああ、部落のどっか真ん中らへんにあったかな。小さい池あった。

満理さん

もうないですか？

おばあちゃん

もうない。泥だらけ。どろんこや。

そこで、麻、葉の取った麻。長いぞいね。

人の丈より長い。

それを池につけておいてそいで皮とった。

そいでまた上皮とった外側の皮もとった。

そいで干しあがったら細いのに爪で裂いて手仕事。そいで麻になった。

立野脇　大麻を浸した池跡

満理さん

そんながちゃ誰の仕事になるのですか？

やっぱり家におるおばあちゃん達の仕事？

おばあちゃん

そうそう。若い嫁さんたちにはそんなことさせん。

分からんもん。そやから、しゅうとさん達。そのしゅうとさん達はやっぱ昔から小さい時分からずうっとしてきた上手な。

そうそう。そやから糸きれるようになってもちゃんとこうして紡いでつなぎ合わせてそいで桶に入れて一杯にしてそいで出来上がったものです。

やっぱうちらでもこうしてまわすもんもんあったけど、そいうがそのまま。

満理さん

で、出来た繊維はやっぱり町へ出す？

おばあちゃん

うん、町のでかい商売してやった所やったけれど、もういまで家あるか分からんわ。

なんちゅうところやったかな？

そうや、カワセンさんやった。

そこでしておいでた。

若いときはそんなもんなんよ。そんなこと習う気もないし。

満理さん

そうですか。

そしたら、どの家もみんな麻作って糸をうんどられましたか？

おばあちゃん

さあ全部かね。わからんね。

だいぶ麻を紡いでいたと思うんやけれど、今そんな方全然おいでんもん。

あんた、その人でも九七で亡くなって今で三十年もたつ。そやから部落はその時は麻作ったり色んなもん作ってた。ダメなら、桑の畑の根をほじってニンニク植えてみたり。何でも。そいでそれが段々無くなってきたら皆会社勤めになって来た。

今で、老人ばっかりになった。若い人ら町に別所帯やもん。

（以下　省略）

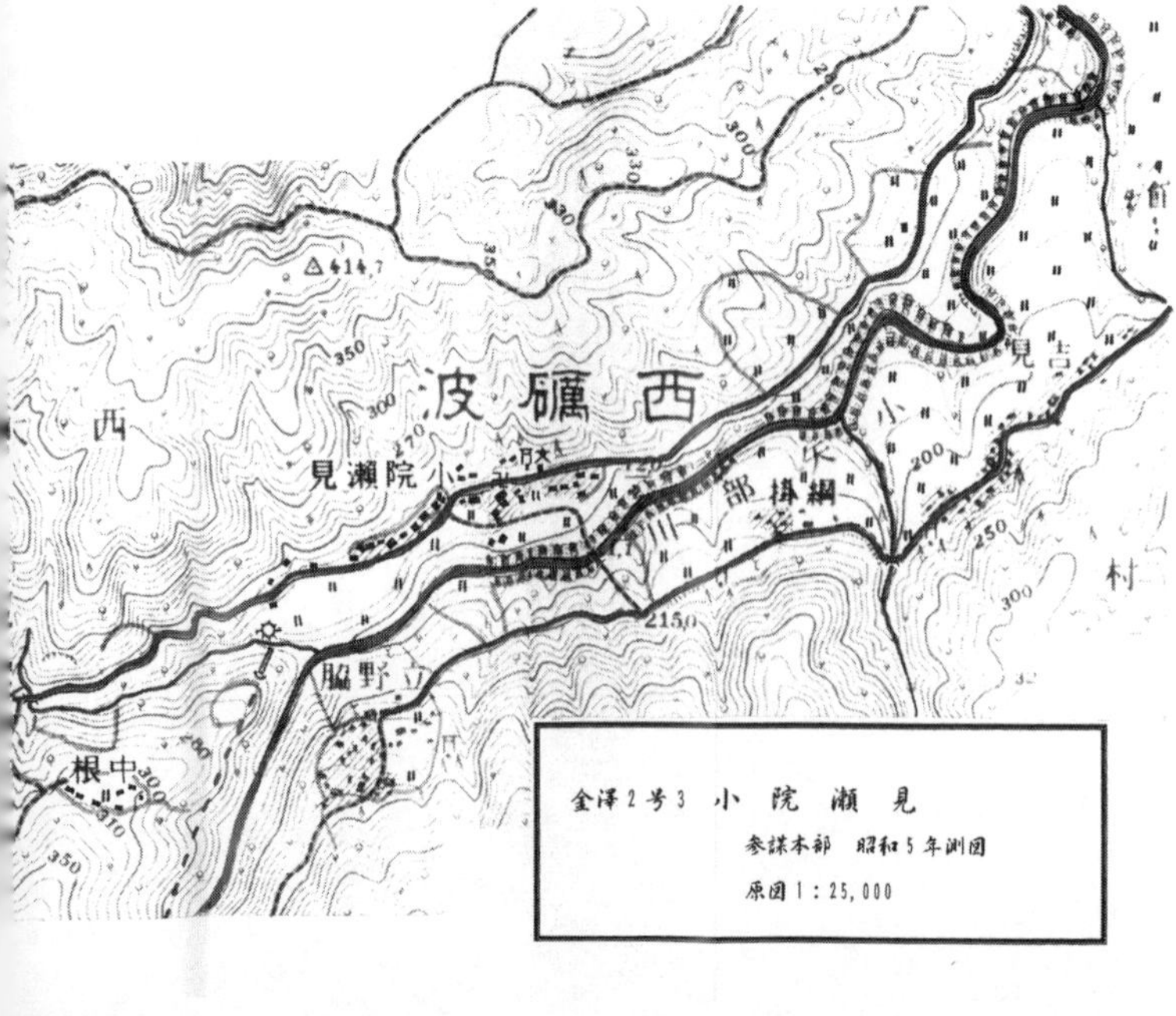

福光温泉（南砺市綱掛）が建つこの辺りは一面麻畑だったという。

立野脇を訪ねた会話の一部を掲載した。この全容は別巻の映像資料に記録保存されている。

麻の里であった小矢部川上流域
『小院瀬見を偲ぶ』より転載）

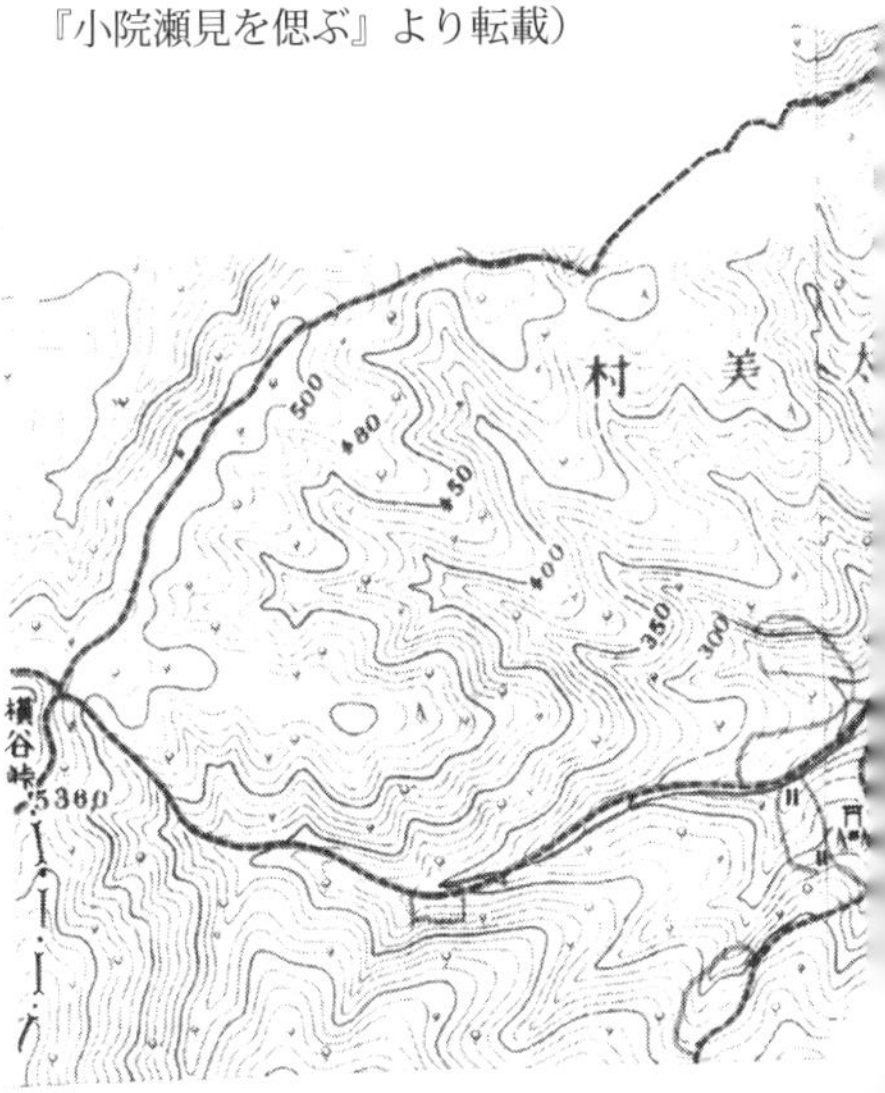

地機の製作

地機の復刻は砺波市の宝田家具製作所が担当した。

地機を復元させるにあたり、まず、旧福光町農林漁業資料館に所蔵されている実機を確認して寸法測定し図面を起こした。しかし、この実機には重要な部品が欠けているようだ。とても織れる状態ではない。地機織りの「仕組み」がわからなくては、いま何が欠けているのかさえ判断できない。そこで砺波市庄東小学校にできた砺波市民具展示室に、同様の地機の機織もあったはず、と訪れると、郷土資料館の館長や学芸員の方から好意的なお返事をいただいた。そして参考文献として十日町市博物館発行の図録『妻有の女衆と縮織り』と福井県立博物館の調査研究報告書『福井県の手織機と紡織用具』をご教示頂いた。

何よりありがたかったのは、民具展示室にある地機をじっくり確認できたことである。そして分解されていた一

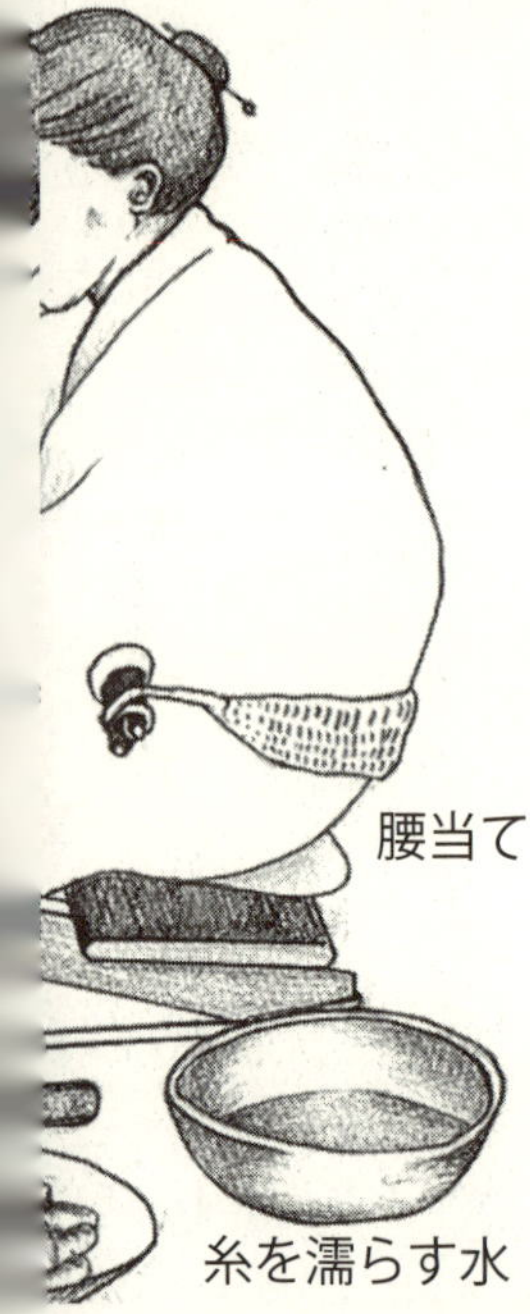

台を仮組みし、部材を確認。心臓部にあたる「筬」と「打ち杼」についても試し織りに借用させて頂いた。

今回、地機を一台製作したが、手織りにおいては、織機はできたが形として見えない糸掛けなどはノウハウが無く、織るまでには多くの困難が待ち受けていた。段取り八分というが、今回は九分九厘、段取り次第という思いを深くした。以下、地機の組み立て過程を順次紹介する。

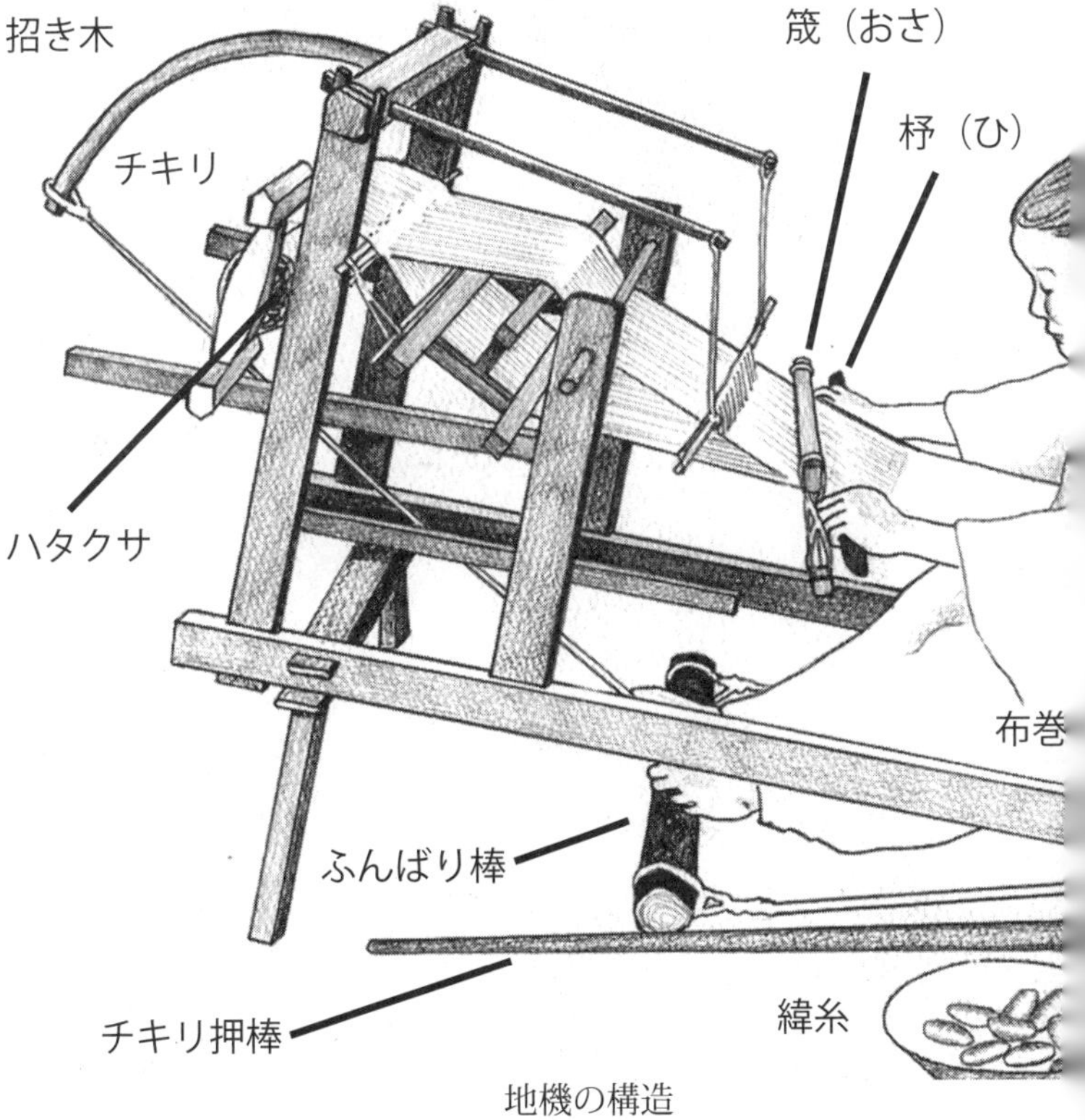

地機の構造

組み立て前の、土台と柱のセット。素材は米ヒバである。土台の長さは1200ミリあまりだ。分解できるように組み上げる。

まず土台に柱セットを立てる。

次に左右の土台をつなぐ。

本体が組み上がった。

織機のアソビ（綜絖により、下糸を上に引っ張り上げるしくみ）やチキリ（糸巻き）、中筒、布巻きなどを組み付けた。左は工場で組みあがった写真である。

工場で組み上がった織機を分解して旧福光町農林漁業資料館に運び入れ、再び組み上げた。(右の写真)

整経

整経とは、織物に必要な本数の経糸を、織る布の長さに揃えて地機のチキリに巻き付ける工程である。

織物は経糸と緯糸を組み合わせる。この工程では織る経糸の奇数・偶数で綾を取る。その際必要なのが整経台で、整経台は旧福光町農林漁業資料館の収蔵品を利用した。今回の反物は織幅を鯨尺で九寸五分とした。麻織試作ということで、太い経糸一一〇本で織る。

整経の作業指導は城端の染色家、山下郁子さんにお願いした。経糸十本単位での整経作業（次ページ上写真）綾取り棒に経糸を通す。（下の写真）この作業を十一回行い鎖巻にした紵糸を仮に筬に通してチキリに捲いていく作業。（次ページ下の写真）

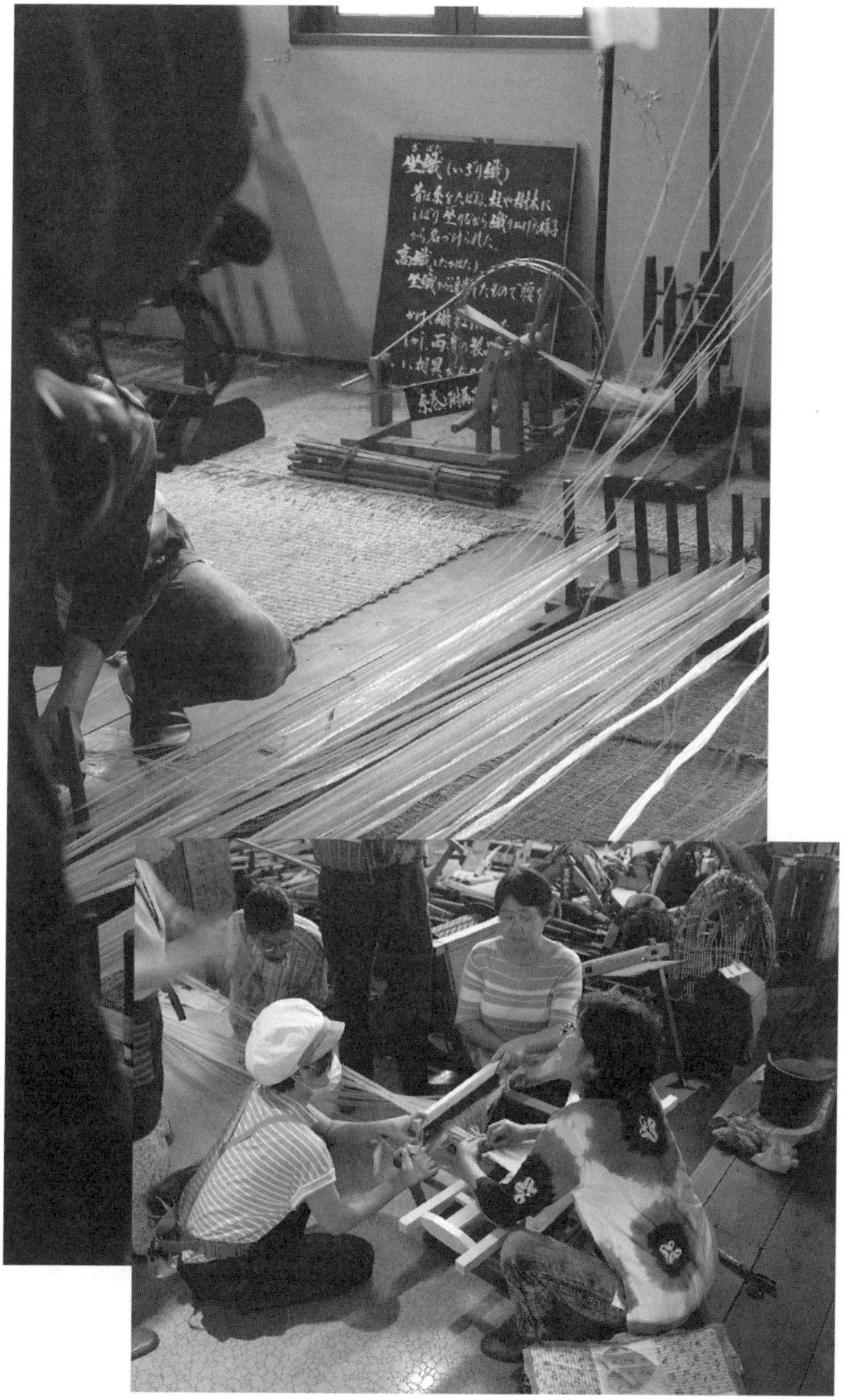
坐織（いざり織）
から名づけられた。

機織りの準備

機織りするため、まずチキリに捲いた糸を一本ごとに筬に通す。この時には「筬通し」という道具が必要になる。筬に通したのち、チキリに捲いた経糸を一本一本、長さを揃えて布の巻取り棒に縛りつける。次に綜絖を取り付ける。綜絖とは、経糸を交互に上下運動させるもので、チキリに巻き付けた経糸の奇数番ごとに糸で吊るす。足で引綱を引くと招き棒が上がり、奇数番号の糸が上に上がり偶数番号の糸との間に隙間ができ、ここに緯糸が組み込まれた杼を差し込む。次に引綱を戻すと奇数番号の糸が下がり、偶数番号の経糸と上下が逆転する。その隙間に杼を差し込んで織って

麻織の準備

いく仕組みだ。しかしそれは試行錯誤の連続であった。理屈では判っているが、そもそも我々にとっては初めての経験なのである。

奇数番の経糸をきれいに吊り上げるには糸綜絖を揃える必要がある。しかし経糸の張りが均一でなかったため、長さを一本毎に変えざるを得なかった。だが後でわかったのだが、織りすすむうちに経糸の弛みは布にある程度吸収され均一化されていった。

すべてを通し終え、糸綜絖を上げるひもを足で引いてみるが、経糸がよじれて杼を通す隙間が開かない。経糸を拾い綜絖を結わえるときに順序を間違えたのだ。何度もやり直し、細かい糸かがり作業を慣れぬ手つきですること十数時間、ついに

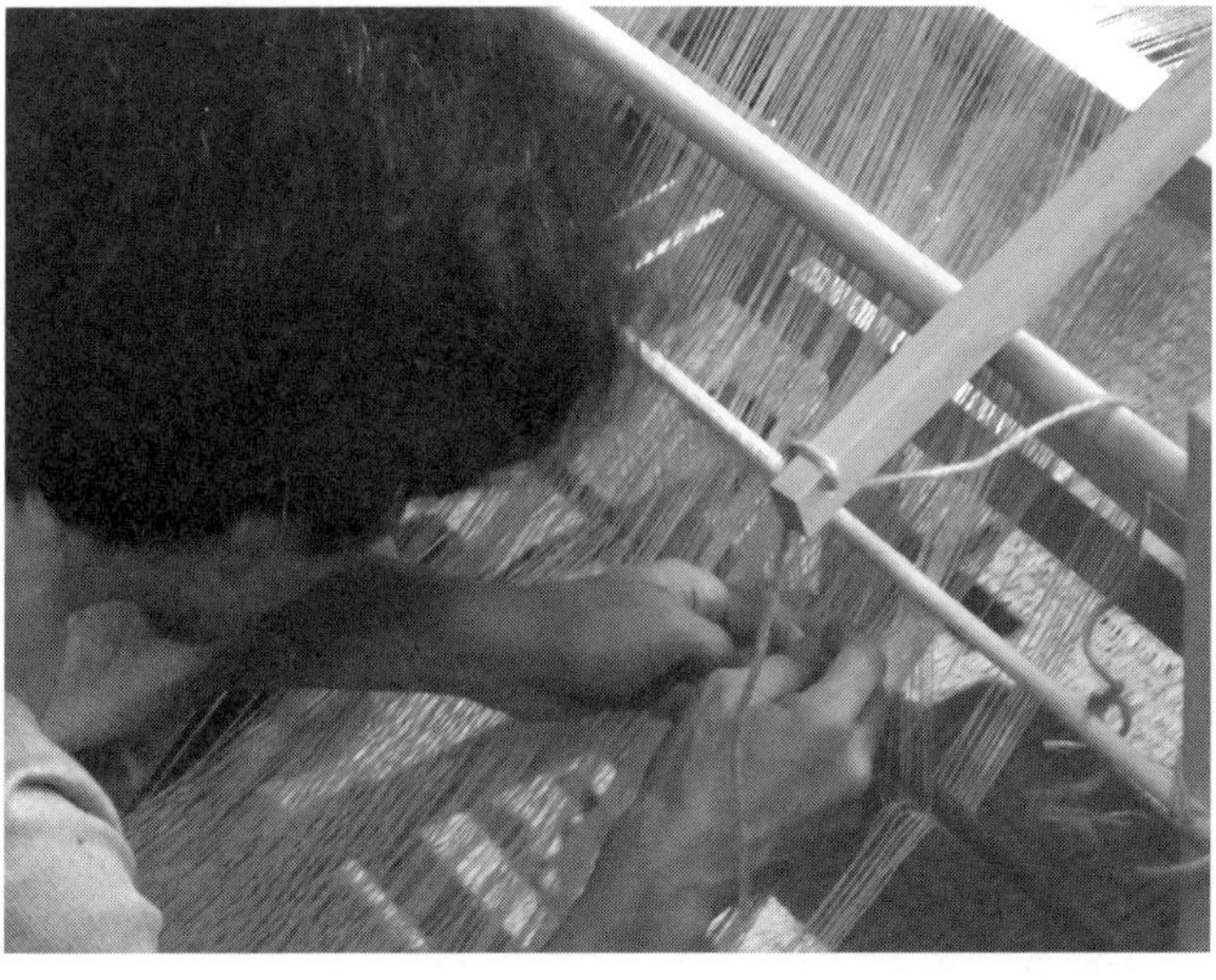

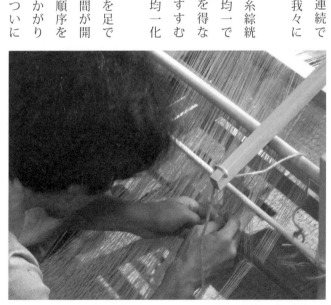

精根尽き果て日を改めることになった。

　後日、部屋を明るくし、太めの別糸で綜絖をかける印をつけ、経糸十本ごとに綜絖糸を結わえ、経糸が交差するのを目視で防ぐために、細い丸棒を上糸と下糸の間にはさみ見易くしたところ、下準備に時間がかかったものの、糸掛けはほとんどミス無しであった。

　経糸の滑りが悪いので上糸と下糸の隙間を開かせるのに苦労したが、錘となる金属棒を下糸全幅に載せ、テンションをかけることで一時的に解決。皆で試し織りしたが、経糸の張りを加減できるので、織り手の技量が如実にあらわれる。難しいけど面白い。布目が不揃いでも、とても愛おしく思えてくるから不思議である。

糸綜絖をかける

機織り

綜絖が通りようやく織ることができた。担当した清部一夫さんからは『地機で織った感想として、体と布が密着するので、お腹に子どもを抱いているような感覚に陥る。どの民族でも織りは女性の仕事だった理由がわかった気がした。』という感想を頂いた。

なお経糸は切れやすい。糸が切れたら切れた糸を予備の経糸で機結びし、織った布の切れた経糸付近にマチ針を刺す。次に機結びした予備の経糸を綜絖に通し、マチ針にくくりつけ、経糸を順番通りに布に織り込んでいく。

プロジェクトで機織を担当した竹中良子さんに、織りについての感想を伺った。

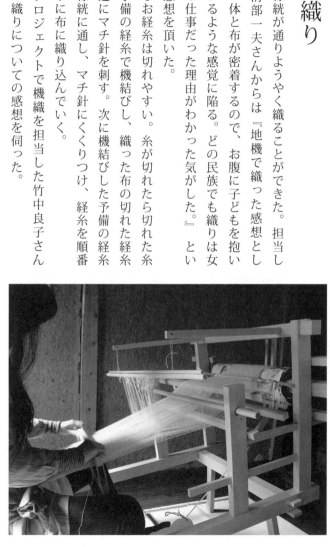

地機を織って

Q　織を始められたきっかけは何でしたか？

A　はい。福光麻布復刻プロジェクトの本や記録映像を出すお手伝いで織子のモデルをした時に初めて地機織りを体験したことがきっかけとなりました。それまでは、機織りなどには全く縁もなく興味もなかったのですが、地機で手と足と全身を使って織り進めていくうちにつぎつぎと心の奥底に忘れていた感情が湧いてきました。それは幼少期に読んだ「鶴の恩返し」で機織りに強く憧れていた事や小学校の同級生の家にあった織り機で勝手に織り進めてしまい良く叱られていたことなどです。そんな懐かしい

気持ちと全身を使って布を織る作業はとても楽しいものでした。

Q　織物に関して、織りをやる前と後ではご自身の中でイメージや印象が変わったことなどありましたか？

A　今私たちは麻の糸を績みその糸を地機で織り布にすることに挑戦しています。

その工程は容易では無く伝統の途絶えてしまった福光で再現するのはとても困難で行き詰まっています。そんな状況をどうにかしたいと私は積極的に織物に興味を持つようになりました。

先日も旅行で行った鹿児島県の沖永良部島で「芭蕉布」の工房があると知り、突然お邪魔して糸の績み方を教わって参りました。「芭蕉布」の伝統工芸士の方も、伝統を継承し次の世代へ繋いでいく事の困難を語っておられたのが印象的でした。今まで織物は高いと漠然とした印象しかありませんでしたが、織物は気の遠くなる位の手仕事が施されてようやく一つの作品が出来上がるのだと分かるようになりました。そんな自分が最近ちょっとかっこいい、と思うようになりました。

Q　座機織りは今の高機とは違って、効率は低いし体の動かし方も難しいのではないですか？

A　確かに織の効率は高機より劣るかもしれませんし、手と足と全身を使って織らなくてはなりません。

Q　それでも、高機よりも魅力と思えるところや良い点がありますか？

A　地機織りは高機よりも直観的に織ることが可能です。高機の方が踏木の順番が決まっていたり糸の入れ方も斜めにしてみたりと案外約束事が多かったりします。私は地機で全身を使って無心に織ることにより織り機との一体感が生まれて来るのが一番の魅力だと思います。

麻について想う

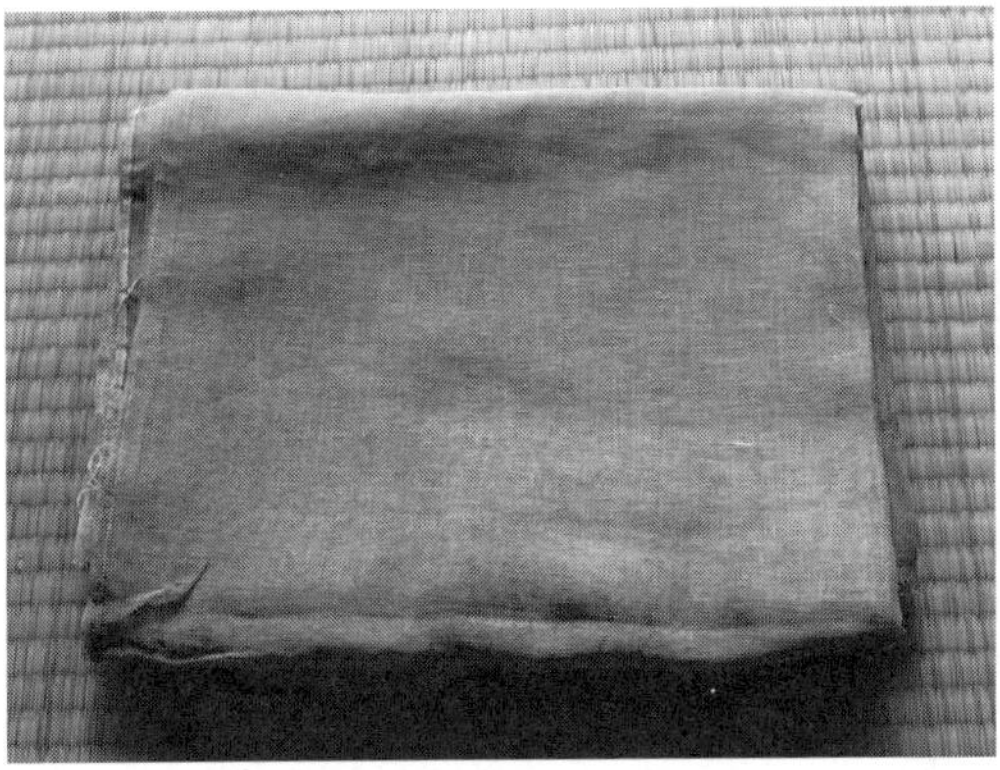

麻布の蚊帳（南砺市太美山地区）

麻の魅力

麻は古くから人々の暮らしと共にあった。麻は繊維が長くそして強いこと、肌触りが良いことから布として織り上げ衣服に使われてきた。麻は農家で栽培され布は農家で織られた。この麻とは一年草の大麻をさすが、麻の漢字が示すように、広くは家の中で植物から繊維を取りだし干した植物繊維の総称と言える。

麻には古来日本に自生していた大麻（ヘンプ）や苧麻（ラミー）やヨーロッパで昔から使われてきた亜麻（リネン）があるが、現在は苧麻（ラミー）や亜麻（リネン）は麻と表記できるが大麻（ヘンプ）は指定外繊維と表記されている。

私が麻の魅力について知るようになったきっかけは、嫁いだ先が富山県旧福光町土山の農家だったことがひとつある。農業に関して、私は義父が行っていた農薬を多量に使う農業のあり方に疑問を感じていた。そして農業について調べていくうちに自然栽培という農法に興味がわき、その過程で、麻つまり大麻に出会った。更に私自身化学繊維に弱く、ヘンプの生地を買って身に付けたとき、とても懐かしいのに身の周りにはない感触にとても惹かれた。その布は麻のチクチクした感じは全くなくサラッとして温かい布であった。

大麻布の特徴は、雑菌の繁殖を防ぐ抗菌性、汗の臭いを消す消臭性、汗をかいても蒸れない速乾性と調湿性、丈夫で長持ちをする耐久性、そして紫外線遮断効果も確認されている。

麻の資料館

そこで大麻について学習しようと思い立ち各地の資料館を訪ねた。

長野県大町に、かつて美麻という村名の由来ともなった麻の資料館がある。美麻町は市町村合併で消滅したが、この資料館では麻栽培の作業風景、道具、文献、出荷時の麻の実物を紹介している。

岐阜県神戸《ごうど》町の火祭りも参加した。この日吉神社は平安時代のはじめ、伝教大使最澄によって近江の国・坂本の日吉大社の御霊をここに移しお祀りしたのが始まりとされている。特に松明に囲まれた朝渡御は有名で「神戸の火祭り」とも言われている。この松明は大麻のオガラが用いられている。

栃木県麻農家の「ふれあい縁農」にも参加してきた。ここでは酩酊成分を低く抑えた「野州麻」が栽培されている。そして大麻は合法的に栽培されている。ここで大麻の間引きを体験した。そして栽培工程を伺った。三月から四月に麻の種を播き、二m程伸びると間引きして育成し、七月中旬梅雨明けになると刈り取りをするとのこと。また布に関しては奈良晒保存会を見学し苧積み体験もした。

土山の麻

ところで、今は触ることも出来ない大麻だが、実は日本の各地で栽培されていた。麻の作付面積は昭和九年には約一万ヘクタールあったものが昭和二十五年には四〇四九ヘクタール。平成二十四年には五ヘクタールと激減している。例えば嫁ぎ先の土山の義父の話では、土山でも大麻を栽培していた。大麻は背丈が三m以上に成長する。麻は日当たりが良く水はけの良い土地に栽培したという。麻は春に種を蒔き夏に刈り取ったあと茎を水に浸して皮をはぐ。そして冬の間に義父の母親が糸にして春には町から苧績を買い取りに来たそうだ。

また義父の話では、麻を刈るときに「麻酔い」といってちょっとふらっとする事があったそうだ。恐らく大麻の陶酔成分で酔ったようなことになったのだろうと思う。しかし日本で栽培されていた大麻は陶酔成分の少ない繊維型の品種であったので害はなかったと聞いている。その大麻も戦後栽培禁止となったが、中でも大きな生産高を誇ったのが富山県の福光麻布である。

昭和天皇の大喪の礼の際には福光から麻布が出荷された。しかし世代も替わり、かつて福光で栽培され布が織られていたことについては誰も話さなくなりあまり知られなくなった。

麻布

私は布に関心がある。しかし麻は布だけではなく、衣食住すべてに活用できる可能性をひめている。また栽培に関しても、農薬がいらない。多量の肥料、水を必要としない。といった特徴がある。

大麻だが、成長がグングン伸びる性質から単位面積当たりの繊維算出量は木材の四倍で石油に代わる自然エネルギー資源として世界的に注目されている。しかもほとんどの地域で栽培可能な植物で、そして大根、小豆、ソバ等連作に適した作物なので単位面積あたりの食料生産高を最大にすることも可能だ。大麻は農薬や化学肥料がなくても逞しく育つので、完全なオーガニック生産が可能だ。化石燃料が有限なら百日で育ちＣＯ２の吸収量も多く再生可能な循環型社会の構築に貢献できる植物である。このような伝統が息づく福光麻布を、私たちは今一度確認する必要があると思う。

手仕事を伝承するということ

福光麻布の存在を知ったのは昨年のことだ。すでに途絶えたものとして出会った麻布が、人々の暮らしとともにあった痕跡を辿ったこの一年。手仕事について思うところを述べたい。

かつて、日常生活がそこに暮らす人々の手により自給自足されていた時代、人と物との間には多くの手仕事があった。自らの体を用い、勘を働かせて相手を感じ取り、ものを生み出す。時には愛する者や母から子への思いや祈りをそこに込めることもあっただろう。そのように心身をはたらかせることがちりばめられた暮らしでは、男も女も洞察力や感受性が豊かで、相手をよく伺い察することができ、適切に処する力を養い持っていたことだろう。

「衣食住」という言葉を眺めると、衣は食よりも重視されていたように思える。サルから人となった頃から、体を覆うものがなければ体温を保ち身を守り、命を繋ぐことができないのだから。

その大切な「衣」である布を織るという行為には、自然の理を宿し、命を生みはぐくむ女性の英知が象徴され、それが母から娘へと脈々と受け継がれてきたのに違いない。初めて座機に腰かけ筬を打ったとき、「これこそが仕事だ」という説明のつかぬ喜びと納得に襲われた。その後も麻に触れ機に腰かける毎に、こうした事が自分を満たすに十分なものだという確信が、なぜか深まるばかりだった。この、麻と人との無数のやりとりから布が生み出されるという行為の中には太古から女性の中に流れ続けてきたひとつらなりの命そのものの歓びがあるように思えてならない。その後の歴史の中でのちに女性の立場や麻布の役割、麻の扱いなどの意味合いが変遷していっても、織りは女性の仕事であり続けた。

今のご高齢の方々が子どもだった頃に当たり前だった生活というのは、女は女性的な特性や能力(直観力、協調性、調和力)を子育てや炊事、家事や細やかな手仕事に生かし、男には男性的な特性(論理的、自主性、外へ向かう方向性)を生かした仕事や役割があり、老若男女がともに能力を生かし、補い合って成り立つものだった。体を介し一から十まで手をかけたものを食し、手足を使って生み出したものを余さず使いこなしていた頃は、衣食住に多忙であったろうが全体的に今よりずっと智慧と自信があって底上げされた人間が生きていたのではないか。今の私たちが至り得ぬ、もっと成熟した市井の人々の姿があったのではないかと思わずにいられない。

時代は厳しく、どれだけ働いても貧しかったかもしれないが、家に手仕事があった頃には、生きる喜びや感謝も日常とともにあり、朝日夕日に自然と手をあわせる心があった。そういう心には色も形もなくて、経済の役には立たない。効率だけを求めた作業分担、大量生産、大量消費への道を転がり始めた戦後の社会では、そのような心は足手纏いであり、あらゆる手仕事は社会の片隅へ追いやられることになる。経済性の名のもとに消えつつあるもの、失われたもの多々となっている現在である。戦後からの日本人は、時代の波にもまれて消えてゆくものをたくさん見送ってきたはずだ。日本だけではなく、今なおそれはグローバル化の名のもとに世界中のほとんどの国々で進行し続けている。目に見える物質的価値を追い求める急激な変化の中で、私たちはあらゆる面において「伝承する」ということの大切さを忘れかけてしまっている。

「伝承とは、代々の親がしてくれたことを自分がまた進化発展させ磨きをかけて子へ手渡していくことだ」とは、私の子育ての恩師の言葉だ。ただ単に伝えられ、次へ渡すことでは時代の波は乗り越えられない。手渡されたものを自らが心と体で体得し、未来を見据えた大きな視野から価値を知り、自分を磨きながら次の人へ伝えてゆくほかないのだ。

伝承が途絶える——それは単に一つの形あるものが失われるだけではない。古より受け継がれた命の智慧が失われ、そこに込められた生きる喜びや意味を失うことと同じではないか。見えない命の躍動こそが、生きる意味ではなかったのか。今こそ私たちは、そのような色も形もないものこそが、自分たちの安心の土台であり、幸せの根っこだったということに気が付かなくてはなるまい。そして、失われた伝承を取り戻すということは、見えないものを見つめるだけでは不可能なことも知っておかねばならない。消えた技術を取り戻すことは容易ではないのだ。

今、福光麻布のたどってきた道が見えなくなりかけている。麻布は気の遠くなるような手仕事だ。絹や木綿と比べると、糸にするまでの手間が非常に多く大変な仕事である。なのに今の時代にそれで食べてはゆけない。時代にそぐわず消えてしまった。しかしこの本作りをきっかけに出会った私たちの胸には、それを何とか掘り起こし、伝え残せるようにして次へ手渡さなければという思いがある。

経済とかけ離れてある福光麻布。それを残したいという思い。そんなとき、どうするか。簡単なことなのだ。「一歩踏み出す」重心を変え足を動かしてしまえばいいだけだ。手足を動かし、工夫や努力を重ねて何かが生まれ出すと楽しくなってくる。自分の価値観に正直になるから心が軽やかになる。日常も人生もそれの繰り返しだ。頭で考えて思い支えるだけでなく、心の重心移動を遂げて踏み出していこう。

福光麻布の失われた姿を追って、その周辺に小さなつながりが生まれ始めている。動機や関心のまちまちな人たちが、それぞれに動いていくその先に「懐かしい未来」を見ることが果たしてできるのだろうか。

ひとつ言えるのは、手仕事を通して先人の残してくれたすばらしい智慧と技術を体で追うことは、私たちの中にもう一度生きる喜びを甦らせてくれる道程だということだ。そうして呼び覚まされた先祖への畏敬の念とこの仕事への誇りを、なんとか次世代に繋ぎたい。最後に、手仕事を経済として成り立たせること、換金される仕事として成立させることへ、一つの疑問を投じておきたい。

南砺市には福光の麻布、城端の絹、福野の木綿、五箇山の和紙、井波の彫刻…伝え残したい手仕事がたくさんある。どの道もそこに関わる人たちに対価が払われ生業として成り立つことは容易ではない。その仕事の良さ、美しさが世に広まってゆき、人々の心に響いてゆくための継続した取り組みが求められるところだ。

ところで、「対価を得られなければやる人がいなくなる」「伝統を絶やさぬためには経済性に乗ったやり方を考えなければならない」と言うなら、この行く末に残ることができた「伝統」とは、本当の伝承すべき手仕事であり続けることができるのだろうか。

目の前の本当に大切なことは何なのかさえ思い出す暇なく、流されるように生きていると感じる時がある。そうやって私たちは人生の質をすっかり落としてしまっているのではないだろうか。伝承していかなくてはならないことが何なのか、すっかり忘れてしまった私たちの社会は、単なる物に囲まれて物質的な欲と喜びに明け暮れ、たった一つの価値観に支配されるつまらない社会になってしまっているのではないだろうか。

手仕事は、祖先たちが自然から恵みを頂き、ものと対話しながら、自らの技術を磨きながら我々の心と暮らしを豊かにしてきた営みの伝承そのものだ。ものが単なる物に終わらず新たな命を吹き込まれる。このように手足を動かし工夫をちりばめた生活と、そこから切り開かれる人生には、湧き上がる泉のように尽きない歓びがあるだろう。手仕事は人間が自然から授かった「恵み」なのかもしれない。

私たちが求めていく方向は、今までと変わらず経済性の皿の上にその尊い授かりものを載せようとすることのままでよいのだろうか。一歩を踏み出すとすれば、大切なことはまず自分が「誰にどんな理由でどのように働き掛けをしたいのか」という動機をはっきりと持つことであり、「社会をどのように変えたいのか」という希望を胸に鮮やかに思い描くことだろう。

最新の技術を追い求めて豊かな暮らしを得ようとするのも人間ならば、手仕事の価値をわかり、自然の恵みと祖先からの贈りものによって自らの心を豊かに膨らませるような生き方を選んでゆけるのもまた人間である。

過去と未来の間に立ち、広い視野でまっすぐに物事を捉えよう。

早く多く安価であるよりも、手をかけられ美しく心喜ばせてくれることの方が価値があるとして伝えてゆける自分でありたい。

月ヶ瀬を想う

「奈良さらし」とは言うまでもない。奈良で生産された麻布の「晒布」のことである。晒布の文化は福光麻布と奈良晒の共通の特徴である。しかし、福光においては技術の継承も途絶え、その記憶さえも消え去ろうとしている。なんとかその文化に触れたいと今回の月ヶ瀬行きが決定した。ここを訪れる事はきっと今後の私たちに何かを投げかけてくれるに違いない。そんな期待を胸に、霧の立ち込めた朝方、私たち一行は伊賀上野のホテルを立ち、奈良晒保存会のある月ヶ瀬に向かった。

賀上野から車で三十分あまり、霧が次第に明けてくると渓流沿いの山々の冬木が水墨画のように見える。山々の谷にひっそりと隠れ里のような村だと思った。なぜか「やっぱり、このような地だからこそなんだ」と思う。農山村の農閑期に婦女子の賃稼ぎとして苧績み、手織りがなされた。これは月ヶ瀬だけでなく、福光にも共通することである。ここで「奈良晒保存会」の方々の一連の作業の現場をみせてもらう。

この会は奈良晒の技術を継承するべくして、立ち上がった会だと聞く。現在は苧績みから手織りまでの一通りの工程を一人で行う。遠くは兵庫や京都から通っている人もいるという。人によって違うが一枚の麻布を織りあげるのは年単位の仕事であるという。その中で苧績みの作業が大半を占めており、織機に糸を積むまでが一番時間を要するという。「苧績み」とは麻の繊維を唾で縒りをかけ、均等な糸にしていく、一時も気を抜くことが出来ない根気と時間を必要とする作業である。「頭で覚えるのではなく、体で覚える仕事」だとおっしゃった舟岡さんの言葉が頭をかすめる。

この場では女性たちが日々の何気ないことを話しながら苧を績んでいる。気を抜けない仕事なのに談笑しながらの作業は体が覚えていなければできない仕事である。「仕事」とは「体」を通して完成するものかもしれない。

当時の女性たちにとっては「苧績み」そのものが生活であり、生きることであったように思う。

福光では嫁ぐ際は、苧桶（オボケ）を持って嫁いだという。また「苧桶」に関する民間の行事は日本中に数多くある。福井県の名田庄村では女性が座産

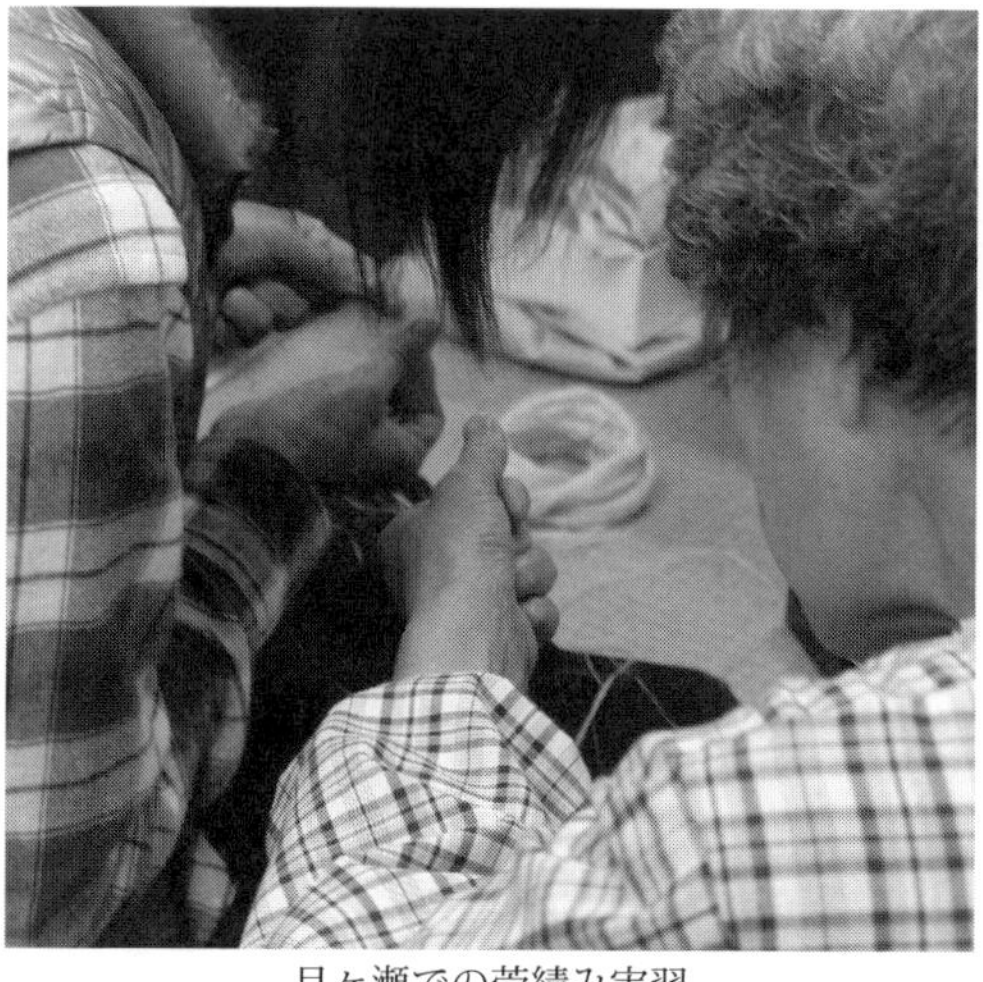

月ヶ瀬での苧績み実習

の後、「ウブの神さん」にご飯とお頭付の魚を添えて供える際に膳は苧桶の上に置くという。苧桶が神様との依代として役目をはたすということだ。また日本各地に残る風習として葬儀の葬送の儀礼として出棺の後、座敷に苧桶を転がすという。苧桶が女性の労働の象徴としてだけでなく、人間の誕生から死に至るまでの象徴として人間の霊魂の依りところとして扱われることが何とも神聖な気持ちにさせる。苧績みとは人間の営みそのもののように感じてならないのだ。

現代人は「作業」というものを「効率化」という尺度で計るがここでは計ることが出来ない何かがある。日本人の「モノヅクリ」の心とは生活に寄り添いながら生きるという中で醸造されていくものなのかもしれない。「技術を繋ぐということは心を繋ぐこと、」仕事を体感することによってそこにある「心」も感じられるのではないだろうか？

風習については月ヶ瀬村教育委員会『奈良さらし』を参照した。

近世越中の織物業の発達

水島　茂

近世越中の織物業の発達（一）

―福光村を中心とした越中八講布の生産と流通

はしがき

問屋制家内工業として現れて来ている近世農家の副業として発達した近世織物業は、服部・土屋両氏によるマニュファクチュア論争となり、更に堀江・藤田・楫西氏等によって産業資本の形成のみちがたどられ、近世封建社会の構造の上に究明されて来ている。私には以上の様な問題を究明する力は勿論ない。唯越中における近世産業の史料を紹介すると言った意味で取上げて見たい。尚史料の未整理、不足等で、これに関して以後第二報第三報に続いて報告する予定であり、こゝでは単に砺波地方を中心に行われた麻布業の盛衰（戸出村と福光村を中心とした）を取扱中間報告としたい。

一、八講布の起原

(1) 起源

越中八講布とは砺波郡を中心とした麻布を指すが、起源を明かにする近世以前の史料が乏しく、近世以後に俟たねばならない。

寛永十年「五郎丸・八講・中条村、此三ケ所御年貢方三白布指上候。貼紙ニ北蟹谷村ノ内五郎丸八講」(川合留書、富大図蔵)の様に砺波郡、五郎丸村、八講田村等が年貢方に布を収める程に近世初期、殷に盛んであったが、その地名が冠されて八講布、五郎丸布と呼ばれるに至ったのであろう。

当地方が年貢に布を上納した記録は、これより先の慶長十一年、同十三年にも「八講でん百姓中」とした布の領収書にも見られる(加賀藩史料)。又年貢以外に布を徴収した事もあった様で、寛永十一年には「御召布割符之事。利波郡中、本村新村共ニ可申付事」(川合旧記)として砺波郡の村々、家毎に布を割当てているが、前記三ケ村は布を年貢として上納しているので割符より除外されている。又十村は村役人の故をもって、寛永十一年以後の新村と共に除外されている。

寛永年間に殷に布が砺波郡各地に広く一般に生産されていたのである。寛文八年の書上に布かせ、布さらしは「古来より利波郡在々ニ而家職ニ仕、他国他領ニもうり出申候」（前掲）とも言っている。宝永元年の布生産高十二万六百七十九疋と言われる様に（高岡史料）、早くより相当な生産高を有し、小松絹と共に「領国第一の産物」として、他国他領に売出されていた。

（産物方御用留、金沢市立図館写本蔵）

（2）布の生産地

元来八講布、五郎丸布の名称は布の生産地名を以て呼ばれたが、元禄八年には「八講田村、五郎丸村ニては只今不仕候…何茂さらしの儘ニて商人へ売申候ニ付、五郎丸と名付申候哉、其越不奉存候」（戸出資料）と十村が報告している様に、布の主産地であった五郎丸、八講田村は、如何なる理由で衰頽したのか知ることが出来ないが、少くとも徳川中期頃には全く行われていないのである。

藩政中頃以後は主産地が福光村を中心とした近在の村々に移っていたのであろう。文政八年、福光村が藩の布買上の用命について「往古より布御用、今石動、福光、代わり〳〵被仰付置相勤申候」（布方一件留帳、福光図書館蔵）とのべ城端も命ざれた事もあるが、未だ福野村等に買上布の用命があったことはなく、今度も福光村に命ざれたいとし更に「又往古より、城端、今石動等御用相勤候ニも布仕入方之義ハ、福光村ニ市場相立買入申義ニ而、何茂福光村近在之産物ニ御座候」（前掲）とのべている。布買入の用命が城端、今石動等にもあった場合も、福光村で市場を立てて、買入ていたのであった。福光村が言う往古とは何時頃を指すか明らかでないが、現在知れる史料では、安永四年に今石動が命され、福光村は寛政十二年、享和三年、文化元年等に御用勤めている所より（戸出資料）大体を推察することが出来る。

（3）集散地

宝暦五年巡見上使えの届に「領内名産八講布、今石動ニテ出来」（一丸諸事留、金沢市立図館写本蔵）とか、和漢三才図絵が高岡、石動の八講布と言う様に、布判押所が、越中では高岡、今石動等にあった事とも関連して、砺波布が両町を通して主として売捌かれていた。

戸出村は寛永十三年「戸出新町、布うりかい、すわい銀、初而被仰付候」（川合旧記）とか寛永十七年の戸出村の市の定書に布売の規定が見られる様に（戸出史料）、早くより砺波地方の布の集散地をもなしていた（寛永十七年に五千四百六十八巻の売買布に対して一巻壹分の役銀を上納して居り、判押賃の様に思われるが、天明元年の判押所を改めて規定した中にも戸出村の名が見えず、判押所であったかどうか不明）。これは恐らく布晒場を近隣にもっていた為と思われる。「農隙所作村々寄帳」には元禄四年の砺波郡の布晒場を挙げて下後直村、末友村、臼谷村、江波村、荒尾村、東中村、河原村、遊部村、細木新村、夏住村、小伊勢領村、矢部村、本保村、市野瀬村、狼村、伊勢領村、大清水村、壱歩貳歩村、上開発村、大源寺村（金沢市立図館写本蔵）の二十ケ村の村名を記しているが、後記の部分の十一ケ村は戸出村と同じ国吉組に属していた村々であった。しかし後述する様に布生産の中心にあった福光村が、天明、寛政頃より集散地として地位を獲得して行った。

二、藩の産物政策

（1）産物政策

近世各藩が財政窮乏、領内自給自足への対策とし領内産物の奨励につとめ、元禄以後地方名産が各地に続出させたが、文化文政以後、特に藩の生産、流通過程への干渉が強化され、領内産物の専売政策をとった藩が少なくなかった。

加賀藩も元文の頃に産物方役所を設けたと言われ（加賀藩郷土辞彙）、安永七年には村井又兵衛を産物方主付に命じ、領内産物を書上させ、仕入銀を貸与え、産物奨励につとめたが（加越能産物方自記、金沢市立図館写本蔵）、それらは仕入銀の利子取立、冥加としての役銀の徴収を行った程度で、商品の流通過程に大して手を入れていなかった様であった。寛政二年にも貸銀についての算用場の触を見ることが出来る（加賀藩史料）ことより見て、安永以後も貸銀政策は続けて行われていたと思われる。

文化、文政年間は封建体制の危機に対処しようとして農政の改革を企て、改作法復古令、十村の投獄等種々の改新政策をとろうとした時期であったが、領内の産物についても特に意をそそぐ様になって来た。

文化十年輸出綌について一駄について十五匁の役立とし、或は仕入銀を貸渡し製品を藩に買上たりしたが、文政元年には領内産物の江戸直送を企て、文政十一年に江戸に加賀産物会所を設置した。更に天保五年に大阪にも産物会所を設け、御用商人一丸甚六を主付として領内産物を直送させた。当時の政策は仕入銀を貸与え、製品を江戸、大阪に送り正金は産物会所に収め、領内商人には銀札を渡すと言った為替政策であった（産物方御用留、金沢市立図館写本蔵）。

これは従来領内産物は京都四軒問屋に脇売を許さぬ独占的な売買で送付されていた為め、直安な買入となり直段引合わず絹、布の生産が時代と共に減少した為に新な販路を開拓しようとしたものであったが、藩は江戸入用、其の他の支出が増大し、領内の正金銀が領外に流出するのに対処せんとしたものであった。

（2）布に対する政策

加賀藩の産物として藩政初期より他領に輸出されていたのは、布・絹・菅笠であったが、布・絹には生産税とも言うべき判押賃が布一疋に付一分、絹三分が定められていた。高岡史料には寛永十一年に布判押人が高岡に二名定められているが、大体この頃から定められたものと思われる。
布判押は定められた丈尺を改め、印を押し役銀を取るものであるが、越中では高岡と今石動等の町会所で布の改印を受けることに定められていた（加越能産物方自記）。丈尺改、押印の制は、その後乱れ天明元年には「中古より…改中絶」の形となり布判賃の上納が減少したので、天明元年に改めて、金沢・小松、所々、越中では今石動・城端・氷見・高岡・魚津の五ケ所の町役場で極印を押し売買を申渡し取り纏めを厳重にしようとした（前掲）。

当時は「織出候布高、次第ニ相減」（前掲）じた結果からも上納の役銀が減少して来ていたのである。この様な布判賃の上納の減少を補う為に、藩は安永十年紵問屋を設けさせた。当時江州に移出が盛んとなって来ていた紵（麻糸）に対して、紵をすべて問屋で買入れさせ、江州に送付に際して口銭を取立てようとするものであった（前掲）。この口銭は口郡では買人より百目に付壱匁、領内中買人より壱匁、計二匁を取立てていた様である（河合留書、金沢市立図館写本蔵）。

又安永十年に戸出村七左衛門が、布判賃の減少を補う為に、布晒座を願出たが、それは晒布、壱疋ニ付役銀壱分五厘宛取立て上納するものであった。藩は直ちに布晒座を許可したが十村が現在、布の売行が面白くない時であるから、しばらく猶予してはどうかと上申したので、一時見合わせることとした。其の後実行されたかどうか知ることが出来ないが、藩の産物政策とは如何なるものであったかを物語っている（加越能産物方自記）。

三、生産と流通

（1）生産の減少と戸出村仕法

安永年間十二万疋と言われた布も天明年間に八万疋となり、文政元年頃には四万疋に激減して来た（布方一件留帳、福光図館蔵）。この様な布の生産高の減少は何に原因していたか今早急な結論を出すことをさけ様と思うが、布の集散地の中心地でもあった戸出村の言い分をながめて見よう。

戸出村は文政元年頃には「第一布稼之而已ニ御座候処、当時ニ而者、天明年中之時分与者三ケ一斗之仕込方ニ相成ニ付、布引のし、たゝみ日雇之者共、外稼出来兼、将又身本相応之者も右為体ニ付切高等仕、当時御用之時分御宿迚茂勤兼候躰ニ罷成申候」（前掲）と嘆いている。戸出村は右の様な衰頽の原因は「近年江劦八幡辺并越前岩本辺等から身本宜商人」等が越中に布を直買に来て「直様江戸曁京大阪、其外所々江直売ニ仕候」（前掲）故に上方問屋より戸出村元の布注文が少なくなり、利益が他国商人の手に移る様になったからだとしている。又他国商人の直買の為に布の定尺も乱れ、上方への売行きをも悪くしているのだとして、戸出村成立のために、又布の販売を多くするために、布の縮方を厳重にすべきであると述べ、布の売買を戸出村のみに限られたいと「戸出村仕入方并売買」（前掲）の一手捌きを文政元年に願出るに至った。戸出村の右の様な願に対して、今石動・高岡、両町より布商売は元和以来の商売であり、「当大商人共産業第一之品」であり「大駅産業一大事之儀」（高岡史料）と嘆願するに及んで、高岡・今石動・戸出の三ケ所にのみ布判押人を置き、布の買入販売を認めることとした（福光村はこれに反対して再三の嘆願に及び後述する様に福光村を加えた四ケ所に決定されるが）。戸出村は衰頽の原因を従来の流通組織の紊乱による直買にあるとしたのである。

元来加賀藩の産物は前述の様に京都四軒問屋に独占的買付による送付が行われ、小松絹も年々生産を減じ、宝暦年中、文化年中にもそれぞれ京都と交渉したが成功せず、直安な買入に手をこまねいていたのであった（産物江戸方御用留、金沢市立図館写本蔵）。当時全国的にそうであった様に戸出村も中央の商業資本の支配下にあった様であった。文政元年の願書の中に、戸出村が上方問屋に内談した所、従来の通り戸出村より布を買取る積りであり「追々仕入銀も指下可申段申聞候」（前掲）と言っている。この様な前貸金はその利子が商品を買取る時の直段に勘定され、又不景気の折何かと理由をつけ送金を中止し、或は甚だしい下直で買取ることが行われていた事は、口郡の近江商人との紬売買でも明らかである（口郡紬方一件、金沢市立図館写本蔵）。

戸出村の衰頽に対して一方福光村が正反対の発展を遂げていた。

（2）福光村の発展の基礎

福光村が「天明年中漸五百疋之出来高」であったのが文政二年には「近年五、六千疋」（布方一件留帳）も出来る様になり、近村より買入る布の仕入高も天明年中八千疋程であったのが文政年間には凡二万疋にもなって来ていた（前掲）福光村が右の様な発展をした理由は、福光村と戸出村の文政元年以来の論争の中に知ることが出来る。即ち戸出村が「是迠福光村等江越前等より商人入込、布屋共我儘ニ口銭取請直段高直ニ相立候」「戸出村等江買請候而も布直段高直、潤色薄成行」（前掲）と言う様に他国商人が主生産地の中心にあった福光村に来て従来に比して高直に布を買取る様になったため、近村の農家が布を福光村に売りに来る様になり、戸出村商人の取扱布が減少して行っていたのであろう。この直買は福光村にとっては「商人大勢入込候得者、自然与直段高直ニ相成、布苧絈も出来高相増」（前掲）の如く生産を高めて行くものであった。

しかしこうした戸出村の衰頽、福光村の発展を単に他国商人の直買による変化と簡単に規定してはならないであろう。布の生産、流通構造及商人の性格等を明らかにすべきであるが、十分な史料を得ていないので、後日の調査にまつこととして、こゝでは単に両村の布取扱商人の性格に相異が見られたと言う事を述べるにとゞめねばならない。福光村の布商売人は「三ケ所布取扱人之身元与ハ違、福光之義ハ……小前之者共」であり、「一疋二匹ニ而も布屋」に持運ばれた布を買取り「人々背持等ニいたし、或者余商物与振替参り、且又五疋十疋注文等取組、重而持運売捌」（前掲）と言ったものであった。又「他国他領商人罷越候節ハ、妻子織溜候布、五疋、十疋、廿疋……家毎ニ為晒置、相応之直段ニ売捌」（前掲）の様なものであった。又「高岡戸出等三ケ所近在出来之布ハ、如何御仕法ニ相成候共、福光村出来之布、売買先并晒場等之義、是迄在来之通、他国他領江勝手ニ売捌申様御指解被下度」（前掲）と言う様に一切の統制を排斥しているのである。こうした戸出村商人と福光村の性格の相異の中に盛衰の原因を究明すべきであると思われるが、不十分な史料の故に後日の調査にまちたい。

（3）福光村の発展

福光村が他国商人の直買によって有利な状態にあったが、この直買が行われたのは福光村の布取扱高が次第に増加して行った天明、寛政の頃からでなかったろうか。福光村の発展に対して衰微を回復しようとして願出された戸出村の一手捌の文政元年の仕法は、当然福光村が猛反対を続け、数度の嘆願を行ったが藩も福光村の実績を認めざるを得なかった。文政四年に至り福光村も加え四ケ所に布の買入、販売、判押人の設置を認めるに至った。

藩は文政十一年に江戸に加賀産物会所を設けたが、砺波布も、八講布、五郎丸布の名の下に「御領国第一之品、加賀絹、菅笠、越中筋五郎丸布等三品重ニ相立」（産物方江戸御用留）として江戸送品の重要産物をなしていた。しかし京都へも従来の如く送付され、天保元年には「布類加越能三劦郡方年中出来高三千貫目計、内二千貫目計京都問屋行」（前掲）の如きであった。

麻布は加賀藩内で主な生産地は、越中砺波郡の村々と口郡の徳丸村、下浅井組、上浅井組等の村々が中心をなしていた（産物方御用留）。その生産額は文久三年では口郡全生産高一万三千疋、内他国出用九千疋であったのに対して、砺波郡全生産高は不明であるが内他国出用は、口郡の十倍に当たる八万七百疋であり、この内の八割に当たる六万五千疋が福光村が取扱った布であった（産物方御用留）。福光村の布取扱の地位を知ることが出来るであろう。

福光村は寛政頃より次第に発展して行ったが、安政二年の書上によれば、布の仕入高は「天明年中八千疋ならて出来不仕、寛政年中より追々ニ出来、享和より文政年中迄二万疋より二万五千疋計茂出来仕、文政年中より天保三、四年迄三万五千疋計出来仕、同五六年より同十二、三年迄、四万二千疋計より四万五、六千疋斗出来仕、弘化元年より同四年迄五万七千疋より六万六千疋斗迄出来」（布方一件留帳）と言っている。文久四年には「福光村、十二万九千反程布取扱」（産物方御用留）と言っているが一疋は二反であるので、弘化年間の大体六万—六万五千疋前後の状態が以後続いていたと思われる。

尚参考のために弘化二年の砺波郡福光村地方の布の取扱高の数字を挙げておきたい（布方一件留帳による）。

福光村の布取扱高　六万五千疋斗
福野村　二、三千疋斗
戸出村　四、五千疋斗

春日江村（但富山行）　二千疋斗
開発村（但福光高岡行）　五、六百疋斗
杉木新町（但高岡行）　二千疋
伊勢領村（但富山行）　五、六百疋
高岡布取扱高（安政年間）　五千疋斗（高岡史料）

（4）生産過程

「布機稼ハ所方ニおいても中分以下軽キ者之家職ニ而、則右潤色を以、諸納所方無滞致来リ申候」（布方一件留帳）と言った中分以下の者の年貢の補充として行われたものであり、「家毎ニ妻娘等年分第一之稼」（前掲）の如く主として女の仕事であり「近年童稼ニ相成」の様に文政初年頃には子供の仕事でもあった。布織は言うまでもなく「出作中者出来方薄ク、冬より春迄者、余計出来仕候」（前掲）で農間稼であり、主として冬の仕事であった。

農家で織られた布は一疋、二疋と布屋に持ち来り、糸を「紵うみにて売買の者より買請、手返シ操々仕申候」の様に糸を買って又織るといった状態で糸うみの者と織人とは別人の手で行われていた。糸は「麻苧并紵うみ、津むき仕候者、後家、孀、貧人之業ニ而」（前掲）の様に特に貧しい人達の仕事であり、生業であった様である。糸は織立布のたて糸と横糸とはちがったものを用い、よこ糸は羽州、最上等の苧を以て作るものであった。「横ニ相用候うみ苧之義ハ羽州、最上出来之可らむし、苧ニ而蟹谷組山入村々并ニ私共在所三里程有之村々ニ而布織不仕候小前之女第一之稼之品」（前掲）であった。苧うみによって得る利潤は、布の大幅、小幅、目の荒い細い等によって、日数も直段も異なるが、大体一日に五十文から七十文程度であった。弘化年代の米一升は大体五十文前後であった。

「一、九百文　大幅八ッ布、横ニ相用申うみ苧百目代

内三百弐拾文　からむし苧代

残五百八拾文　潤色

此分至而手早成者者六日程ニうみ立申候得共大躰之者八十日程モ相懸り申候」（布方一件留帳）

（以後史料は総て布方一件留帳によるので特に記さず）

たて糸は五ケ山等で出来る地苧を用い大体一日の稼は五、六十文程度であった。

「竪ニ相用候紵之義ハ五ケ山等ニ而作リ出申麻苧ニ而出来仕候品ニ而、五ケ山曁村々より富山

御領境迄小前之女第一之稼ニ出来仕候品ニ御座候、則直段図り大綱左ニ申上候。
一、九拾七文　当時大幅八ッニ相用申紿壱ツ代
内四拾八文　苧代
残り四拾九文　潤色
此日懸り大体早朝より夜四ツ頃迄出来仕候」
布も小幅、中幅等五品あって目の荒細いによって布の織日数直段も異なっていた様であるが、目の荒い細いによって更に二十一種類に分られていた。これを「よみ」と言っているが一機の「よみ」は「七ツ、七ツ拾目、七ツ半、七ツ三拾目、八ツ……」で拾三迄に分けられている。
布織賃も右の種類によって織立日数、価格も異なってくるが、
「よミ八ツ幅布直段図り大綱
一、壱メ貳百七拾四文　竪ニ相成候紿三給代、壱ツ九拾八文
一、九百文　横ニ相成候うみ苧百目代
此布当時直段之内
貳メ六百文ニ売候得者織賃四百貳拾六文程潤色ニ相成申候、尤壱疋織立申候日数、五日程之内

早朝より夜四ツ頃迄モ相懸り出来仕候
　但右八ツ布直段図り大綱ニ御座候得共、織人上手下手ニより右横竪通織立出来仕候而も、直段三百文程高下仕候、尤拾文宛段々高下仕候故、八ツ布而巳ニ而も、直段三拾段程ニ段数ニ相成申候」

　右の様に布織賃は一日に八、九十文程であった。織られた布は布屋に売渡され、或はそのまゝ或は晒して売出されたが、晒の時期は「正月者、晒出来不申、二月より追々晒入、大体五、六月中迄ニ晒揚」るものであり、晒賃及布屋の口銭は次の如きものであった。

「一、　貳貫三百文　当時直段之内小幅生布、壱疋買入代
　一、四拾六文　布屋口銭、壱貫文ニ付貳拾文宛
　一、　貳百文　晒賃」

（昭和二十九年二月記）

近世越中織物業の発達（二）

―福光布商人の性格　―在郷商人の発生―

はしがき

福光村が幕末に越中布の集散の中心地をなすに至ったことを第一号で布取扱高の増加より眺め、こうした発展の経過を明らかにするために、後日福光村の布業の生産過程及び布商人の性格を考察することを約して中間報告とした。

本稿では右の様な意味で福光村の布商人の性格を考察しようとするものである。しかしそれを全面的にそして根底から解明するものでなく、又そうした能力にかけていることも知っている。たゞ一断面を考察して諸先輩の御指導を得たいと思う。

一、福光村布取扱高及び布商人の特色

第1表は天保七年より文久二年までの福光村布屋の取扱高を示したものである（紙面の都合上、本稿の最後に別表の形で載せてある）。

先ず布取扱高の合計を見ると、弘化元年を前後として急激な増加を示している。天保十四年の三万八千疋、弘化元年の四万疋、嘉永二年の五万四千疋、安政五年の六万九千疋程と以下も増加を続ける。第一号（越中史壇）で見た様に、文久三年の口郡布移出高が九千疋であり、越中全体の布移出高が八万七百疋程で、内福光が取扱った分は六万五千疋で越中布総移出高の八割を占めていたが、福光が越中布の中心地的地位に立つのは、弘化、嘉永年代以後であったと見ることが出来るであろう。

しかし第一号で福光村が安政二年に書上げた天明年間以来の布取扱高数（第一号六頁）と、今掲げた第1表の数とはあまりにも開きがある。右の書上では文政年中には二万疋から二万五千疋とし、天保年間には三万から四万疋として第1表の二万前後の数字に比して二万疋程大きい。弘化年代は五万から六万疋として第1表より一万疋前後多い。第一号に載せなかったが「布方一件

留帳」では、安政二年分の取扱数を六万五千疋程と記していた。第1表では安政五年分が大体六万九千疋程となり、こゝでは数字が大体一致して来る。

要するに第一号に載せた安政二年の書上と、今示した第1表の数字の間の開きは、安政年間で大体一致し弘化年間で一万疋程の差があり、天保年間で二万疋程の差があり、年代が上るに従って書上の分の数字が大きいことである。右この両者の数字の差を説明する十分な史料はないが、安政二年の書上は藩に福光村の布扱高を誇らしげに報告しようとしたものであり、そこに政治的意味が加わっていて必ずしも実数を調査し報告したものではなかったと思われる。文政二年に戸出村と紛争した時、判押所が戸出村のみとなり福光になくなったので多く戸出村に直ちに布を売りに行き、福光商人の取扱う布が減少して来ているが、戸出に売渡された分をも含めると一万疋程となるのだと言っている点より見て（布方一件留帳）、文政年間は二万―三万の布は取扱っていなかったと思われる。安政二年の書上は恐らく福光の近村の布取扱人が福光村で判押を受けた分を全部含めたもので、福光村布商人が取扱った分のみでなかったと思われる。若しそうだとすると文政、天保年間は福光村近村の布は福光村の布商人の手を経ないでその村々の布取扱人の手より直ちに他に売出されていたのが、弘化、嘉永以後になるとそれら村々の布扱商人を追出し、福光布商人が近村の布を自己の手に買集める様になって行った結果と考えることが出来る。しかし今はこれを取上げないこととする。ただ今掲げた第1表は安政二年の書上の様に後になって前年の分を報告したのでなく、その年代年代の記録であるから実数と見るべきであるので、第1表の数字によって考察を進めたい。

先述の様に弘化、嘉永年代に一つの峯を見ることが出来たが、この様な増加は一部布商人の扱高の増加によってなされているのである。嘉永二年では室屋善兵等十四軒分、合計として九百十一疋である外八名の名が見られるが、源兵衛の二万五千疋、伝右衛門の一万疋、仁左衛門の七千疋、善吉の一万疋、市三郎の一万疋代等の五名の大商人がほとんどを占め、室屋宗兵衛等外十七名分を合して千九百疋にしか達しない。安政、万延、文久に至れば三名の大商人を除いて他の者の分を合しても数百疋にしか達しない。天保年間の場合も三名程の一部商人が全合計高のほとんどを占めてはいるが、比率において前記程ではない。且最高が六千疋で後年の様な大商人ではない。

天保七年以前の商人の取扱高を知ることが出来ないが、前述した様に文政二年の戸出との争いの時、福光村商人の取扱が一万疋以上になると言っていた所より見て、天保年間より布取扱高がより一層少なかったと思われる。そうした少数の扱高であれば大きな布商人が一部にあったとしても、その取扱高は後年の様な取扱数より遥かに少なく、大商人とは言えないものであったと思われる。

文化、文政年間の商人の布取扱数を知ることが出来ない現在、文政二年の書上げによって当時の状態を推察してみよう。福光村役人が福光村は戸出、今石動、高岡等の布商人と異なり、

「福光之義ハ…小前之者共…」

「人々背持等ニいたし或者余商物与振替参り且又五疋十疋注文等取組重而持運売捌…」

「将又店持之人々在所家数之内過分御座候是迄布五疋拾疋宛相晒シ小売等致来リ…」

「且又是迄拾疋、廿疋他領江持運売捌渡世仕来候者共…」

（以上文政二年書上、布方一件留帳）

「戸出今石動之義ハ百疋、貳百疋宛箇作りニ認、他国出等仕候ニ付、月六日之指紙ニ而モ相弁可申候へ共、福光村之義ハ日々五疋、拾疋宛布出来次第軽キ者共背負、所々江売払申義…」

（文政四年、前掲）

日々布を五疋、十疋売捌かねば資金にさしつかえ、五、六日も布を買溜めておけない小さな商

人達であった。そうした小商人が文政前後より次第に隆盛に赴き、弘化、嘉永と進むにしたがって豪商と発展していったのである。

以上の点より次の様な特色を考えることが出来るであろう。

① 文政年間頃に越中史壇第一号で見た様に、福光布商人の取扱高が次第に増加し布集散の中心をなし始めたこと。

② 文政年間頃は未だ小商人であったこと。

③ 弘化、嘉永年間に布取扱高が急増したこと。

④ この急増は二、三の大商人の発生によって行われたこと。

等である。以上の様な諸点を考察するには少なくとも文化、文政年化の社会構造、布業の生産構造、福光布商人の性格等を明らかにしなければならないであろう。

二、在地商人の発生
——文化文政年間の社会状態

文化、文政年間の社会状態を考察するに十分な史料も今手許になく、後日の調査に俟たねばならないが、一つの見通しと言った程度に眺めて見よう。

文化、文政年間は加賀藩では、種々の藩政改革を企てた時期であった。文化八年八月改作復古令を出し、慶安年間の総検地をまねて領内の総検地を強行しようとしたが、中途で放棄せざるを得なくなり、手上高、手上免を強要する程度に終わり、その罪を十村にありとしてか、数十人の十村を獄に投じた時期であった。又文政四年には十村制度の改正を企てる等あわたゞしい動きを見せていた。

この様な藩農政の全面的な改革を企てたのは、大土地の併合と他方には零細な農民層への両極の分化が著しく現われ、放置すれば「御田地忽ち富有の農商に集まり、窮餓の民、不日に三州に相満」であろうと言われた様に、零農民の土地放棄、土地兼併の進展を見せた時期であった。農民は土地を失い町に走り、文化八年には二十五年前の天明五年の収納より、二万石程の減収となり藩主を憂慮させた結果であった。こうした土地の兼併は既に元禄、享保以来急速に進んでいたものであり、特に町方支配の商人（町人）の土地所有禁止政策は元禄六年に現われ、寛政、享和年間の高方仕法、天保年間の仕法等によっても知ることが出来る（坂井誠一監修、宮崎村史編纂委員会編、宮崎村の歴史と生活、第四章、三、改作法の修正の頁参照＝筆者担当執筆の分）。

しかし、文化文政頃より土地を買集め大土地を兼併した階層と、元禄以来よりの土地兼併者とは性格を異にしていた様に思われる。戸出村は元禄年間に近村より三千五百石の土地を買取り、享保年間には五千石に及ぶ土地を買集め、千石に近い土地所有者数名をもっていたが、宝暦頃より次第に土地を売放し（前掲参照）、文政二年には「身体相応之者も……切高等仕、当時御用之時分御宿、迚茂勤兼候躰ニ罷成」（布方一件留帳）となげき、文政二年高岡布商人が、

「近年村々山里に至迄諸色商売仕、町方甚衰微仕候」

と町方商人の衰頽を訴え、文久四年ではあるが小松・松任・所口・高岡・今石動・魚津・氷見・城端の町方年寄が連名で

「……取分ケ近年ハ御郡方ニ豪商巨商、連ニ出来仕、斯成行候而者町人之所業追々及衰微、何を以渡世可仕哉、終ニ零落仕宿も勤兼候場ニ至リ候ニハ……」（産物方御用留、金沢市立図館写

本蔵）

と農村の豪商の発生、町方商人の衰微を嘆いている。

こうした動きは恐らく文化、文政年間を境として起こりつゝあったと思われる。文化、文政年間の藩政の動揺は、従来の地主に代わる新地主の発生の結果であった様に思われる。右の様な新たな勢力の台頭は、町方商人がなげく様に、郡方の「豪商、巨商」の出現であったろう。

文化文政年間に、右の様な新旧勢力の交替があったとすれば、それは文化文政年間に至り、貨幣経済が農村のすみずみまでに行き渡り、農村の副業が広く商品化した結果、農村工業が順調に発達した地方にあっては、在郷商人がこれら農村工業を地盤として新たに台頭し、従来の特権商人を追出し始めたのであろうと思われる。

福光布商人の発展もこうした地盤に立っていたのでなかろうか。

三、福光布商人の性格
――生産流通過程

1．文政年間の布商人の性格

福光布商人の台頭が右の様な地盤に立っていたとしても、これを布業の生産流通過程より眺めて見る必要があるであろう。

福光布の原料である苧は横糸は主として出羽最上等の青苧を、高岡、今石動等の商人を通して買入れられ、近村の村々で「苧うみ」された。竪糸は五ケ山近在の地苧を以て作られるが「苧うみ」の後に糸をつなぎ合わせ、撚りをかけた所謂「紿」にして用いるものであり、五ケ山の村々及び富山領境までの村々の女の稼であった（第一号参照）。

福光村近在では、

「五ケ山ニ而出来白苧代　但紿ニ相成候分。
　村々ニ而紿出来手間
　同うミ苧出来手間
　布機手間
　晒屋晒賃

布屋口銭」（福光役場蔵文書、福光図書館写本蔵）

の様に「苧うミ」紵作り、布機を得て福光布屋が買取り口銭を得て、高岡・今石動・金沢等に売捌かれるものである（第一号参照）。

出羽の青苧を買入れていた高岡商人は領内各地に青苧を供給していたが（口郡紵方仕方一件等）、青苧取扱商人は又紵を取扱移出する商人でもあり、又布取扱商人でもあった場合が多かった（高岡史料、布方一件留帳、福光役場蔵文書等）。

高岡の布屋は「是迄御郡山里村々より店へ売ニ出候分等買集、京大阪等上方所々へ為指登……」（高岡史料、文政二年）

という様に、近村の布を買集め移出するものであったが「布買次仲買人」の名が見え、或は「他国行布屋暨布仲買晒屋」等越中で二百軒もあると高岡商人が述べている所より（前掲）布仲買人がいて在方の布を買集め、高岡の布屋に売渡していたのであろう。

福光の布屋と呼ばれる布商人は、近在の布を集め、高岡等の商人に売渡していた様な性格の商人達であったと思われる。福光村の布取扱商人は布屋と呼ばれていたが、福光村役人等が福光村の布商人を書上げて、

「苧紵并横苧うみ拵布出来仕、在所仲買人等江売渡……」
「福光村等布買人中布幅を極メ……」
「諸国商人より注文を以、仲買人中江罷越……」
「布織立人并仕入人共多ニ而……」
「近江等より商人入込布屋共我儘ニ口銭取請……」
「布出来之上者壱疋、弐疋ニ而モ直ニ布屋之売渡……」

（布方一件留帳、福光図書館蔵）

に見られる様に、仲買人、布買人、仕込人、布屋の語が同意味に用いられている様である。福光村で文政二年頃までにいう布屋とは近村及び福光村の布を集め、高岡・今石動等の他国売買の商人に売渡していた仲買人（語義そのまゝの意味の）的な性格の商人達であったと思われる。

こうした福光村の布商人は、少なくとも文政年間以前までは、領内の高岡・今石動・金沢等の大商人より、前金を受け、布を買集め送付していたと思われる。文政二年に戸出村が福光村の発展を抑え様として、布取扱の独占を願出た時に、産物役所がこれを許可して村々に申渡して、「近年衰候儀は取締方不宜に付、他国之者猥に入込、少々之前銀等を以て下々と馴染」（布方一

件留帳）

と他国商人より前銀を受け、売渡すから利益が他国商人の手に奪われるのであると言っている。戸出村の願は福光村と他国商人との直売をおさえ、戸出村の布取扱高の衰頽を回復しようとして出されたものであり、右の他国商人より前金を受けるとは主として福光村のことを指しているのである。

戸出村の布屋自身は上方商人より前金を受取っていたのであるが（第一号参照）、福光村布商人も他国商人と直売が行われるに至った頃はこれら商人より前金を受取る様になっていたが、それ以前は領内の商人より受取り、それら商人の商業資本の支配下にあって、布を送っていたと思われる。

こうした福光村の布商人が、文化、文政年間頃を境として、高岡・今石動等の領内布商人の支配下を脱して、みずから高岡等の布商人と同等の地位に立ち、近村の布を買集め、他国移出を行い得る地位に立つに至った時、戸出村が藩権力に依存して布取扱の独占を願出ねばならなかったのであろうし、高岡・今石動も又願出これと同調して福光村の数度の嘆願を拒否する様藩に書上げねばならなかった。

こうした福光村商人の地位の向上には、他国商人の直買、前貸金が一つの重要な契機をもなしていたと思われる。

又文政五年、八年の両度に渡って、高岡青苧取扱商人が、最上商人の青苧直売に対してこれを抑え様と、青苧問屋を願出、売買の独占を企てたが、これに猛烈に反対したのは最上商人では勿論なく、福光村の商人達であった（役場蔵文書）。

2．弘化年間の布商人の性格

以上の様に福光布商品が文政年間を境として領内の都市商人に対抗して立上りつゝあったと思われるが、弘化、嘉永年間における布取扱高の激増はどの様にして可能であったろうか。
文政三年の頃は福光の布織人は壱疋、弐疋織立た布は
「直ニ布屋之売渡、代銀受取り紿うみニて売買之者より買請シ操々仕申候」（布方一件留帳）
と言う様に、布屋と布織人とは或程度自由な関係に立っていたと思われる。所が弘化三年では、
「壱疋織立候得者、直様私共布屋江売渡、其次織立機横竪借請、操々織立申義ニ御座候」（前掲）
と竪糸、横糸を布屋より借受ける、賃織の形態だと書上げている。弘化年代前後より福光布屋は、

布織人を完全にその支配下にくり入れるに至ったと思われる。弘化年代前後より福光村布商人の取扱高が急増したのは、この様な関係の確立にあったのでなかろうか。こうした福光布商人は又豪農でもあった。第3表は嘉永六年前後の福光村の土地所有高を示したものである（歳代記では最低が九斗代まで記されており、九斗以下の分は省略してある様に思われるが）。

安政五年に他国移出高二万六千疋を扱った前田屋源兵衛は百六十四石の土地を所有し、一万二千疋を取扱った油屋善吉は、百二十二石の土地を所有する大地主であった。今これら布商人と土地の所有関係を明らかにするに十分な史料を得ていないので後日の調査に待ちたい。

四、結び

以上、福光村の布取扱高の増加を在郷商人の発生に原因を求め様とした。しかしそれは非常に不十分なものであることも自身よく知っている。たゞこうしたことを手懸りとして一歩でも郷土史を前進させることが出来るのではなかろうかと思い、不十分な報告を敢えて行ったのである。後日改めて調査の上報告することとして、この中間報告を終わりたい。

（昭和二十九年四月記）

本稿は、『越中史壇』の創刊号及び二号に掲載された二論文を表も含め、そのまま掲載した。本論文の抄論は『加賀藩・富山藩の社会経済史研究』（文献出版）の中に「越中八講布の発達と在郷商人の抬頭」として所載されている。

（布高書上帳・絹布出来高之内地払他国出調理帳　より作成　役場蔵文書）

天保13年分布高	天保14年分布高	弘化元年分布高	嘉永2年分布高	安政5年他国出分	万延元年他国出分	文久元年他国出分	文久2年他国出分
8,162	11,583	13,114	25,716	26,022	28,030	27,932	25,057
7,063	10	10,365	10,278	14,490	18,590	20,586	19,304
4,395	3,403	5,065					
4,103	5,612	5,884	7,364	5,078	4,634	1,788	3,004
	48						
59		21	400				
87	81	14	402				
					60		
3							
3							
2,479	8,082	6,463	10,241	12,397	18,009	16,285	14,037
46							
13							
13							
2	37	20					
1							
	33						
			1,145				
			911				
			254				
				76	100	350	226
				26		20	
				10			
				87			9
				26	5	89	40
				3	38		
				2	173	144	8
					33		
					71		
					6		
						3	
							6
							43
							2
							22
				(12000)	(12,000)	(12,000)	(12,000)
26,755	38,842	40,517	54,122	69,137	81,197	74.258	78,000

第１表　　福光村布取扱高

氏名　単位 は疋	天保７年分 布高	天保８年分 布高	天保９年 分布高	天保10年 分布高	天保11年 分布高	天保12年 分布高
前田屋源兵衛	6,791	6,378	6,192	7,582	8,646	8,473
和泉屋伝右衛門	6,262	5,863	6,030	2,777	6,262	7,549
室屋善兵衛	3,419	3,073	4,772	3,193	4,057	4,911
いつみや平九郎	163	36	100			
一日市屋仁左衛門	282	633	1,687	402	4,264	5,407
和泉屋次郎八	98	98	100	86	17	
和泉屋平助	67	30				
桧物屋長次郎	26	27	32	485		
日詰屋仁兵衛	1		10	30	10	
久戸屋源次郎	2	3	1			
前田屋武右衛門	3			1,513		
油屋長右衛門	2	1		203	93	23
いつみや此右衛門	6	121	86	64	20	95
吉崎屋又吉	1		7	1	6	
吉崎屋満右衛門	2					
吉崎屋権吉		3	7			
有田屋五兵衛		4		1		
天神屋甚右衛門		21			32	
土山屋善四郎		133				
甚六		2		175	3	
和泉屋藤兵衛			7			
和泉屋善右衛門			1			
油屋善吉				1,925	1,576	986
油屋和左衛門				595		
前田屋平右衛門				260		
油屋平次郎					5	
前田屋和平						16
米屋傳助						
吉崎屋源右衛門						
祖谷屋孫市						
かちや清助						
一日市屋三郎右衛門						
市三郎						
与三右衛門						
室屋善兵衛等14軒分						
油屋善三郎						
荒木屋外兵衛						
紺屋嘉右衛門						
吉崎屋圓兵衛						
吉崎屋平兵衛						
金屋久兵衛						
広安屋源五郎						
油屋伊兵衛						
和泉屋伝兵衛						
川合田屋佐兵衛						
嶋屋清右衛門						
戸出村、竹村屋和兵衛						
五郎丸山庄右衛門						
相木屋四兵衛						
小林屋与八郎						
（国内売払分）						
福光村布商人布取扱高合計	17,125	16,426	19,030	19,307	25,036	27,501

天保13年分布高	天保14年分布高	弘化元年分布高	嘉永2年分布高	安政5年他国出分	万延元年他国出分	文久元年他国出分	文久2年他国出分
124	526	162					
481	957	2,111					
2,486	2,505	2,584					
2,725	3,268	8					
		461					
45		515					
229							
5,816	7,256	5,841					

（表3）安政6年前後の

福光村持高

石高	百姓数
150石以上 200石以下	2
100石以上	2
50石以上	4
40石以上	1
30石以上	1
20石以上	7
10石以上	9
5石以上	13
1石以上	44
1斗以上	14
1斗以下	1

福光町　塩谷宇一氏蔵

（第２表）　福光村近村の村商人が取扱ったと思われる分

氏名　単位は疋	天保７年分布高	天保８年分布高	天保９年分布高	天保10年分布高	天保11年分布高	天保12年分布高
大田村間右衛門					395	573
石丸村三郎兵衛					281	1,091
福野、川崎屋伝右衛門					72	180
福岡屋清右衛門			876		1,419	1,766
高辻屋与右衛門			931		2,270	2,741
河内屋八郎右衛門			430			
立野屋間右衛門			1,238			
鷹栖屋五右衛門			254			
矢木村藤右衛門						
福野、川崎屋半兵衛						
出町、油屋七郎兵衛						
合計高			3,729		4,437	6,351

（注）

１・書上帳の内〔源四郎＝個見届〕と記してあった分は、福光村で判押を受けた近村の村商人が取扱った分と思われるので、第２表として別記した。

２・安政５年以後の分は他国移出分のみであったので、それに国内売払分、大体１万２千疋程と推定して（　）内に入れた。当時の国内売捌高は大体、１万疋から１万５千疋程であった。

３・異名で同一人があると思われるが、それぞれ別記した。

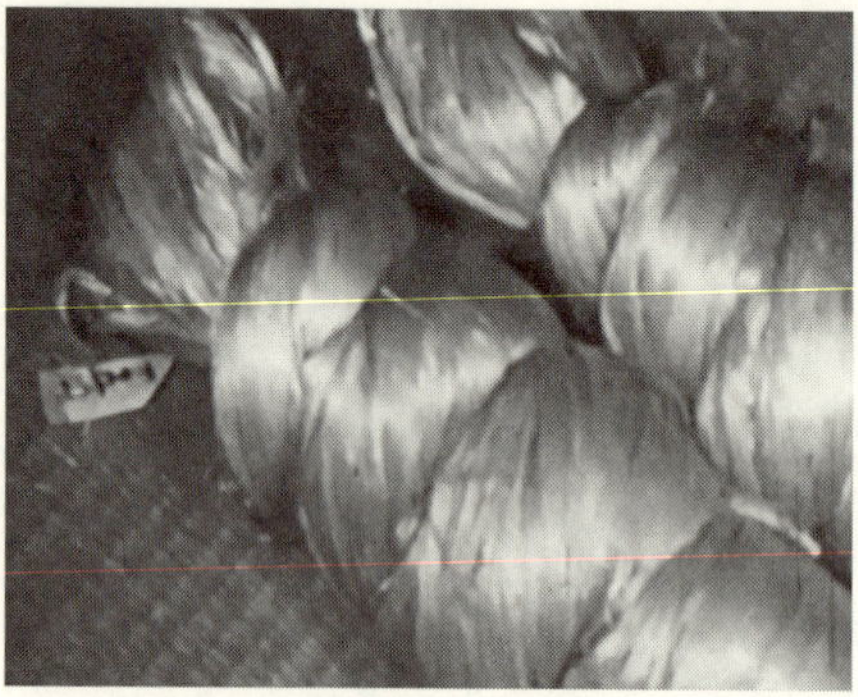

麻の苧（昭和 36 年撮影映像）

小矢部川上流地域の麻栽培と加工

―福光町立野脇の場合―

加藤　享子

はじめに

麻は日本の各地で、初めは自給用として作られてきた。しかし、今日麻の栽培は、関東の一部地域を除き、麻薬取締法の関係もあって栽培されなくなった。

五箇山でも、明治中期から大正年間が最盛期で、昭和に入ると大変少なくなった(1)。

小矢部川上流の福光町では、昭和三十年頃まで立野脇を中心に、いくつかの村で盛んに栽培されていた。立野脇在住で、最後まで実際に麻を栽培されていた嵐龍夫氏（昭和三年生まれ）から、麻の栽培と加工の工程を中心に、お聞きしたことをもとに略記したい。

一、立野脇について

立野脇は、福光町から小矢部川ぞいに十キロ上流の最奥部で、右岸の谷間の段丘に位置する。昭和二十年代までは二十軒あまりあったが、現在十軒である。さらに上流には刀利五か村があったが、昭和四十二年、刀利ダムの完成とともに離村した。

立野脇には水田が少ないので、二キロ下流の米田《よねだ》で耕作している人が多く、米田の田の半分くらいは、立野脇の家の所有である。

反面、立野脇は他地域に比べ畑が多く、その畑では盛んに麻が栽培された。その立野脇も、昭和三十年頃になると、自然に栽培されなくなった。

二、栽培と刈取り・乾燥

麻の畑は「麻畑」といい、畑の中では一番良い畑をあてた。上質のそろった麻をとるためには、表土に石ころがあると、きちんと蒔けないからである。良い畑だから、年貢も水田よりずっと高かった。

麻は一軒あたり平均百坪（三分の一反）ほど栽培した。幅三尺（九十センチ）の畝を作る。種は平蒔きにして、厚く蒔く。厚く蒔くから、草は生えない。肥やしは、小便だけである。大便は強くあたるため、不適である。麻は太きが人差し指ほどで、高さは二〜三メートルに成長する。

五箇山では、麻が成長して厚くなりすぎたところを、途中ですぐったりしているが[3]、立野脇では全く行わない。すぐるのは、手間も種も損失であり、いかに無駄なく、すぐらずにすむよう、それでいて草も生えぬほどに厚く蒔くかは、その人の長年の技術だった。

ものの例えに、「麻の中のよもぎ」という言葉がある。これは麻の中に生えたよもぎは、麻と同じように生育し、二メートルにも長くなる。良い環境にいると何でも良くなることを意味した。

麻は細く長いから風と雨に弱かった。大風や大雨では「腰が折れ、寝てしまう」。しばらくしたら、また先端は持ち上がるが、あとの加工作業の時に曲がったところで切れてしまう。こんなことは、十年に一回ほどあった。

半土用（七月二十一日ごろ）になると、刈取りの時期になる。七月中の天気の良い日に鎌で刈取る。密植して栽培されているため、茎はまっすぐにのび、葉は上部に少しついている程度である。

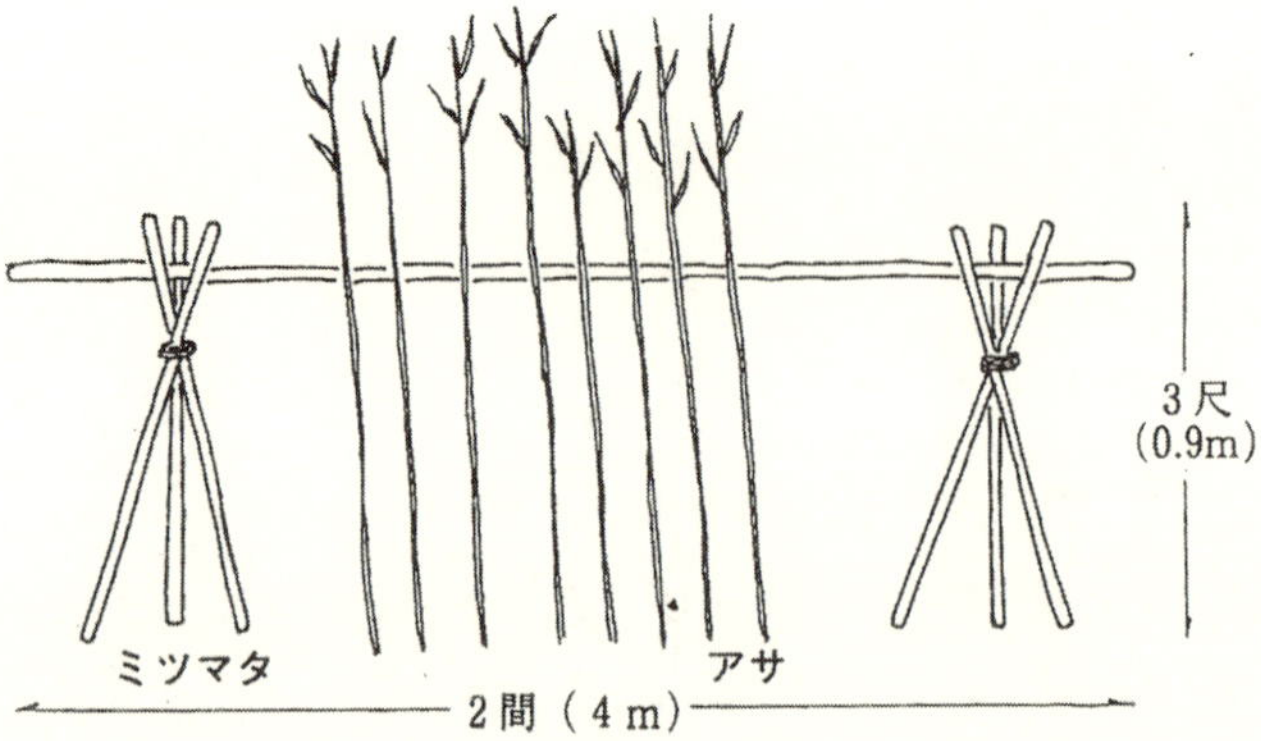

図1　タテカケ

麻の選別と乾燥は次のように行う。

①　麻畑の近くに、竹か丸太で「タテカケ」を作り（図1）、刈取ったら先ず立てかける。簡易的な物であり、移動できるから、一組だけ作った。

②　立てかけて株を揃え、長い麻からぬくようにして、長さでその家での一番麻・二番麻・三番麻に選別する。選別しながら枝や葉をガンド（鋸）の背でそぎ落とし、ズイ（先端部）の三分の一ほどで、直径二十センチほどに束ねた。一番麻・二番麻は長さの違いで、品質はどれも同じである。

③　それらの麻を束のまま、畑で直径二尺余り（六十センチ）の円錐形に広げて干す。束をほどいて干せばいいが、時間も場所もないので、一度束にすると「夜干し」するまで束のままだった。

④　夕方には束を畑に寄せて、倒れぬように円錐状にして、立てておく。束は外側をむしろで巻き、上に合羽をのせ、水が入らぬようにする。干している間二・三日は雨が降った。その姿を「麻ツブリ」という。「ツブリ」とは物を集めて円錐状に立ててある姿をいう。カヤ（茅）も干す時同じような円錐状にし、「カヤツブリ」といった。

⑤　良く干せるまで、外で主にマエバ（前庭）で何度か広げて干す。束になっているので広げて干しても場所がクワズ（要らず）便利である。このころは暑い日が続くので、一週間で充分に干せる。

⑥　乾燥が完了し取り込む直前の夜で、翌日は晴れるという日を見計らって、マエバに束を解いて広げ、一晩「夜干し」をする。夜露に合わせることにより、青い麻が茶色となるが、麻に粘りがでて苧にした時、強さと弾力が付き艶もついた。昼過ぎには干せた麻を、扱いやすいように、こんどは株の三分の一ほどで、縛りなおす。

⑦　干せた麻は、一旦アマ（屋根裏）に上げておく。アマでは乾燥はさらに進む。

三、皮むきから苧にするまで

1　アサドコ（麻床）で蒸す

お盆後になると、麻の甘皮をむきやすくするためにアサドコを作った。アサドコとは生草をむしろ一枚半ほどの広さに積んで、その熱で蒸す設備である（図2）。水をかける必要から各家のマエバにある池の近くに作られた。そのほかに在所の真ん中には、ナカマ（仲間）の池が二つほどあった。

アサドコの作り方と蒸し方は次のようである。

① 下に丸太を傾斜させて並べる。

② その上に竹か板でサンをする。

③ その上に、生草を三十から五十センチの厚さに積み上げる。草はお盆一週間ほど前から刈取った。

④ その上にむしろを一枚敷く。麻は細いので、横はむしろの幅で充分だったが、長さは少し足りないのでむしろを継ぎ足す。

⑤ アマに置いてあった麻を下ろし、二十束から三十束重ねて置く。株の方が、下になるようにする。

⑥ その上にさらにむしろを横にかける。

この時むしろは、根株の方には三枚、ズイの部分には一枚

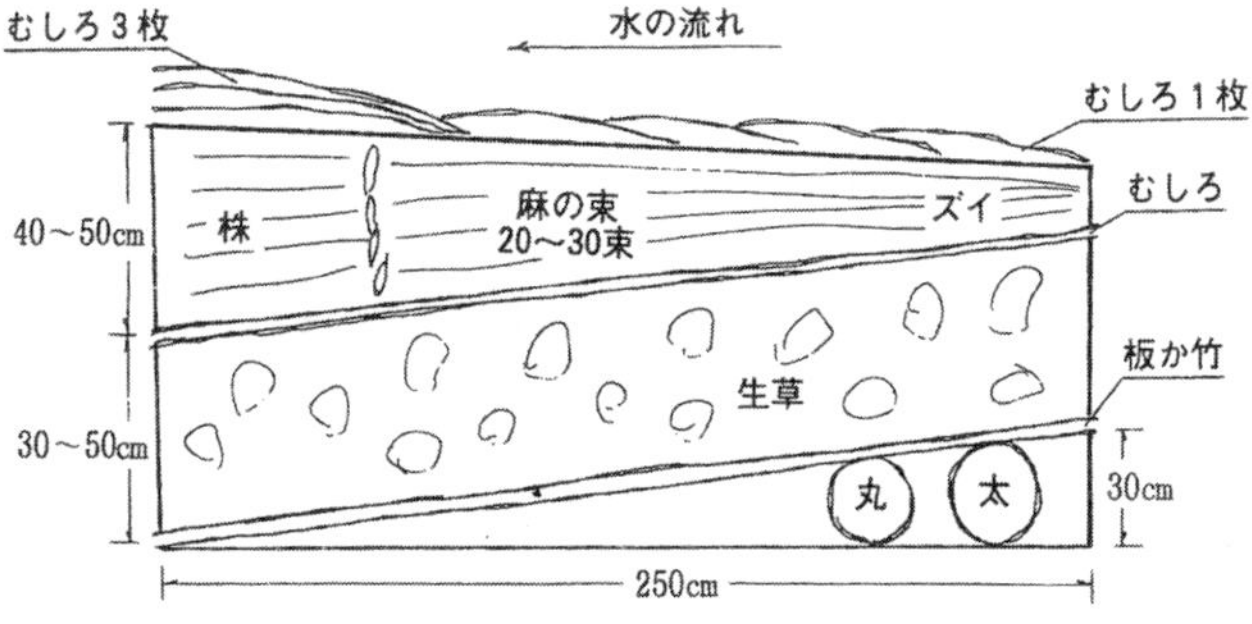

図２　アサドコ

かける。何度も水をかけたり熟成させるため、だめになってもいい古いむしろを使用する。

⑦　天気がよいと上から池の水をかける。

丸太で勾配をつけるのは、上からかけた水が皮の厚い株の方へと流れ、熟成度が均一になるからである。株の方にむしろを三枚かけたのもそのためである。

下に積んだ草が堆肥のように蒸され、熱をおびてくる。朝は湯気がでるほどである。むしろの上から水がかけられ、真夏の天候の中で、大変な熱さと湿度になる。

麻は均一に熟成させないと、皮をむいた時、株の部分がむけなかったり、ズイの熟成が進みすぎて溶けたり、真ん中で折れたりする。

アサドコに二晩ほど置くと、充分熟成する。麻の熟成の度合いは、熟練した年配の女の人でないと分からなかった。熟成の遅い株のほうをさわり、手かげんで状態をみる。天気が良いとむしろが干せるので、池の水をかけたり、麻の束をそのまま、池につけたりする。麻床には、二晩ずつ次々に麻の束が入れられる。

この作業は約一か月間各戸で続けられ、夏の村の風物詩だった。

男女の仕事の分担は、肥料やりなど力仕事は男がする。刈り取りから麻をアマにしまうまでは男女ともにする。アサドコからの加工の工程は女がした。

2　オーハギ（苧はぎ）

アサドコで蒸された麻は、すぐ甘皮をむいた。これをオーハギという。手順の関係でオーハギができぬ場合は、日陰に置き、濡れむしろをかけておく。

皮は株の方が分厚いし、むきやすいので、まず株をめくるようにむく。むきかたは、株の方を二本ずつ左手人指し指の上に当てるように置き、皮を引っ張ると、自然に中の芯が出てくる。長いので途中一度麻を持ち替える。二本ずつにしたのは、手の大きさと仕事の能率による。むかれた甘皮は、わらで束ねて、たらいに水を張り浮かせておく。皮をむいた芯をアサギ（麻木）という。

3　オーヒク（苧引き）

次に甘皮の表皮を削り取る。その作業を「オーヒク」といい、麻はようやく、真っ白ないわゆる苧（原麻）となる。

オーハギから連続してオーヒクの仕事ができる場合はいいけれど、できない場合は、苧が乾燥するので、たらいに水を入れ一日か二日浮かせておく。麻は、乾燥させては、作業もできないし、何よりも色が白くきれいに仕上がらないので、常に水に浸けておかねばならなかった。オーハギしたら、次の日は一日中オーヒクをする。

オーヒクの手順は次のようである。

① 一番下に厚さ四分（一・二センチ）ほどの杉板を置いた。

② その上にオーヒクで出てくるオクソ（苧糞）を入れる。作業上弾力性を持たせるためである。

③ その上にオーヒク板を置く（図3）。檜の柾目、無節の厚さ三ミリの薄い板である。それ以上厚いと弾力性がなくなる。檜は杉より堅く腐りにくい。また、杢目が荒くな

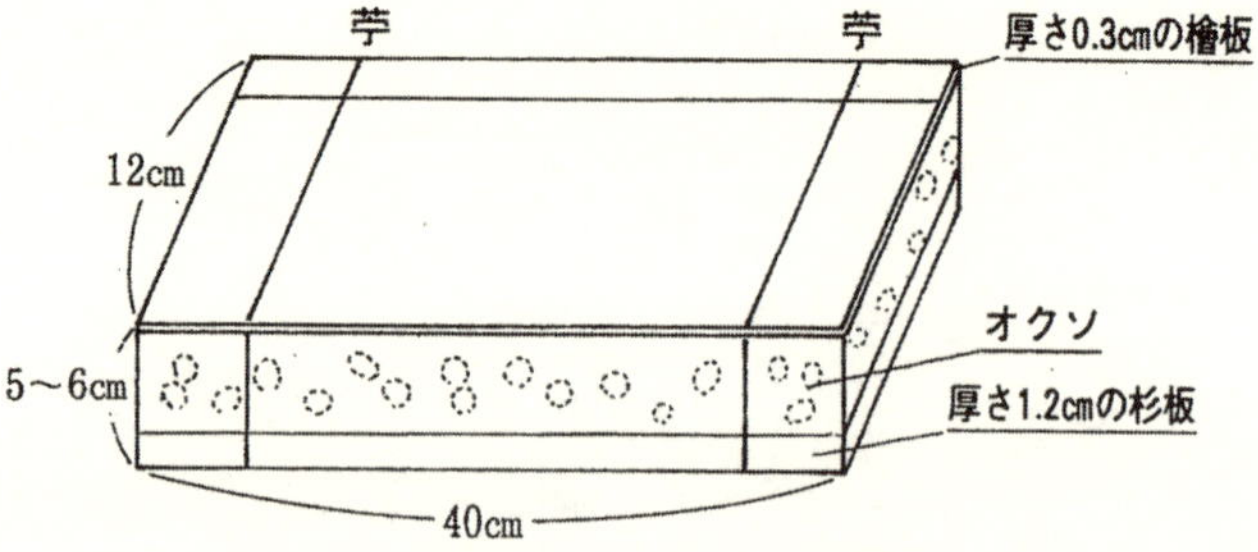

図3　オーヒク板

いので仕事をする上で、抵抗が少なくきれいに仕上がった。

④ オーヒク板の端を、屑の苧でしっかり縛った。それら一体は幅十二センチ、長さ四十センチ、厚さ五～六センチほどだった。

オーヒク板の上に、オーハギした苧を二枚並べ、オーヒクガネ（苧ひき金）（図4）で表皮を削り取る。オーヒクガネは、包丁のような形をしているが、切れすぎても麻を切ってしまうし、ほどほどの切れ味の道具であり、町に売っていた。

削り方は、株を先に削り、指で巻きながら削った。

削り取った屑をオクソという。裏はすでに白いから削らなかった。

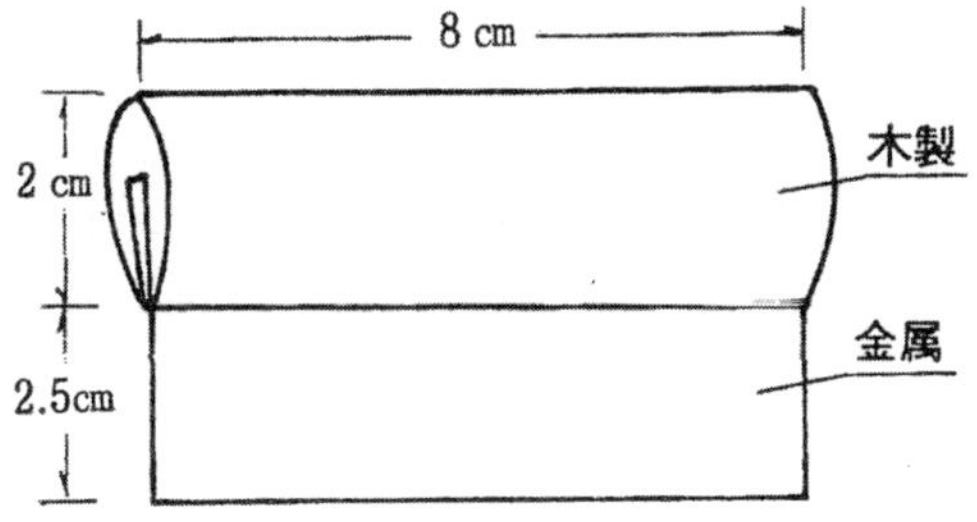

図4　オーヒクガネ

4　苧（原麻）

オーヒクガネで削り取った苧は株を縛り、家の前で竿にかけて日向で干す。約三日間で干せ上がる。ようやく、いわゆる苧（原麻）が完成する。夏の間に、この作業までを終える。苧は農閑期になるまで、長持ちの中に入れて保存した。

苧は、何度も水に晒して作られるから清らかであるといわれ、神事に用いられる。榊の枝の元を縛ったり、鳥居のそばに立てかけた竹に注連縄を張るときも、端を縛り、キリサゲ（御幣）とともに、下げてあった。

写真1　オーウム

S37.5 福光町荒木　川合よくさん
撮影　福光町　舟岡桂子

四、オーウム（苧績《う》み）からカセまでの作業

仕上がった麻はさらに付加価値を付けるため、換金性の高しいカセになるまで作業をした。

・オーウム

① まず苧を茹でてしめりけを持たせる。
② 次に「ヒッカケ棒」にかけ、指で繊維を細かく裂く。
③ 細かくなった麻を、指先に唾をつけてこよりを縒《よ》るように端を縒って繋ぐ。それを脇に置いたオボケ（苧桶）に円をかくようにためていく。

この作業をオーウム（苧績み）といい（写真1）、女の人の仕事だったので、オボケとヒッカケ棒は、大切な

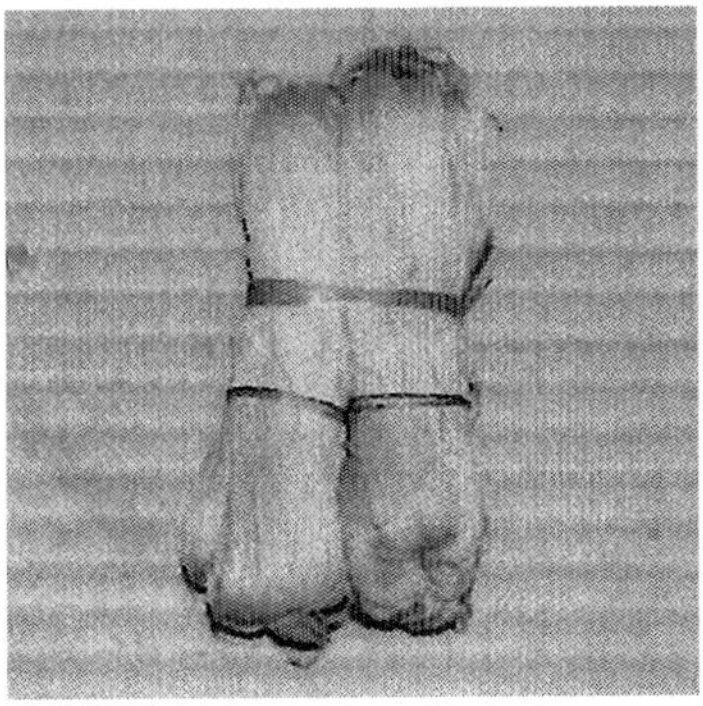

写真2　苧のカセ（束）

嫁入り道具であった。女たちは、どんな時もオーウム手は休めず、話をしている時も手はオーをウンでいた。また、近所へ遊びに行くときも常にオボケを持参し、お互いにオーをウンでついた。

・縒《よ》りをかけカセにする

オボケにたまった繋いだ糸は、糸車で回しながらさらに縒りをかけて、カセ（桛）にした。一カセは棒にかけてたばねたもので、長さ十五センチ、幅八センチほどである。麻糸とは、このカセになった状態をいう。

カセば十キロ離れた福光町へ、かついで売りにいった。嵐家では、主に町の入り口近くのアサヤ（麻布の織元）である、天神町の中川商店へ売った。

昭和三十年代福光町には、アサヤが五軒あった。味噌屋町の舟岡商店、東町の川合商店（カワセン）、西町の瀬能商店、天神町の中川商店、荒木町の村田商店であった。

五、副産物

1 アサギ（麻木）

オーハギした麻殻をアサギという。

① 皮をむかれたアサギは、あくを抜くためすぐに池に漬ける。その上に丸太を置き、さらにその上に板をのせて、石で重石をする。一か月ほど水に漬けておくと、あくが抜け真っ白なアサギになる。

② 天候の良い日に池から上げて干すと、一日で干せあがる。白いアサギは火がつきやすく重宝した。あくがあると燃えにくいので、充分にあくを抜く。

アサギは次のように利用された。

・いろりの焚きつけ

ヒアマに置かれて、主に焚き付けに使った。日常生活の中で火種は貴重だった。朝、イリ（いろり）では昨夜のオキ（燠）に防火上、たっぷり灰をかむせてあった。丁寧な場合は灰の上に、鍋をうつぶせにしてあった。その灰をよかして、オキにアサギンボ（アサギ）を二、三本くっつけ、口で吹くとすぐに火がついた。

明治二年、立野脇で大火が発生し、水もないせいもあるが、二十五軒のうち村の風上だった一軒を除いて、全焼した。原因は、子供がアサギで火遊びして、室内に干してあった苧に火がついたためだと伝えられている。

・屋根ふき用材

屋根ふきの時、茅の下に並べて敷いた。

茅ばかりを葺くと、かやのズイが屋根裏に垂れ下がってくるので、それを防ぐためである。また、見た目にも美しい。これは、五箇山の合掌造りでも広く行われていた。

・子供の遊び

アサギは節さえ無ければ、中が空洞になっている。ふきの茎の両端を曲げて、棒を通して作った水車に、アサギから水を通して遊んだ（図５）。

２　オクソ（苧糞）

オーヒクガネで麻の表皮を削ると、オクソが残った。オクソは表皮であるから繊維が多く、いろんな不純物も入っており、ねばりのある物だった。多くはオーヒクイタの下に、弾力をもたせるために入れたが、その性質を生かして利用もされた。

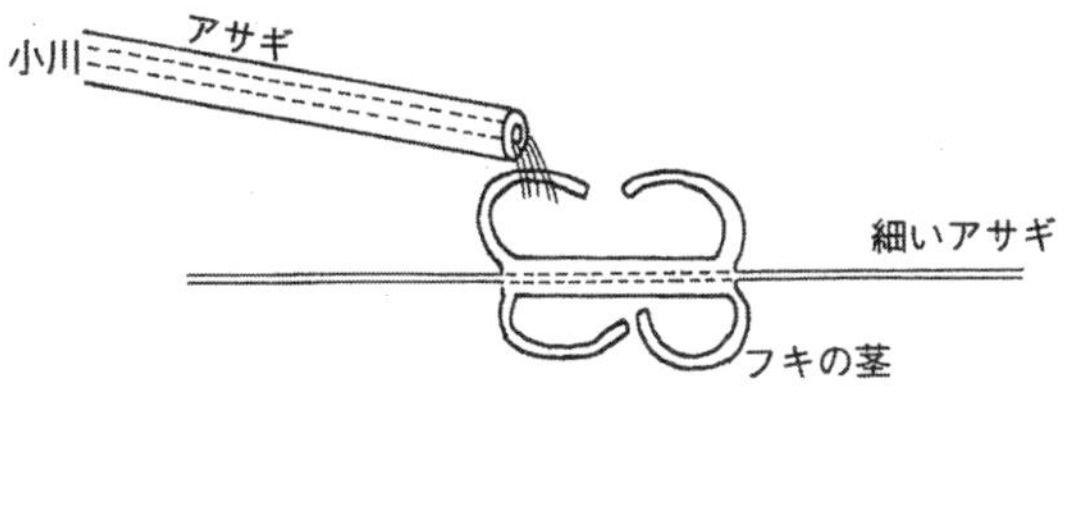

図５　水車

・ハルバチ（貼り鉢）

① ミゾケ（そうけ）の底が破けてくると、底に竹を割って十文字にあてる。

② 竹をナカジン（中の芯）にしてオクソを表と裏からペタンペタンと全面に貼り付ける。特に底に分厚く貼る。粘りがあるので、よくくっついた。

これを「ハルバチ」と言う（図6）。

③ オクソが完全に乾燥し、パンパンになると、その上から柿渋を塗る。これでハルバチの完成である。

柿渋が塗ってあり、黒かったが腐食せず、軽いし強く、ちょっとのことで破れたり、剥がれたりしなかった。オクソが貼ってあるので、そうけの時よりしっかりしていた。だん

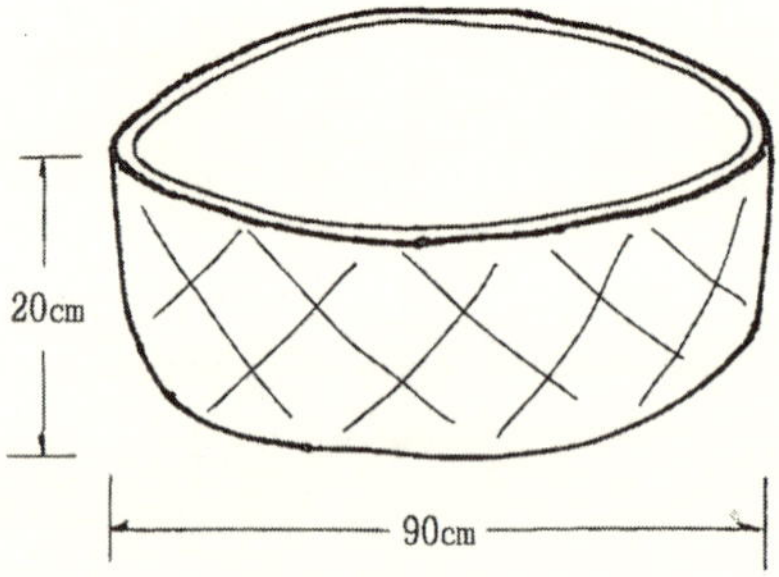

図6　ハルバチ（貼り鉢）

ごの粉やそばの粉など、粉類を入れてもこぼれず、はたくとすぐきれいになるし、粉を入れる道具はあまりないので大切だった。米なら約一斗入った。

柿渋は自家製であった。渋柿もしくは若い柿をもいで、粟やヒエの脱穀用の大きい古いうすに入れて、きねで搗いてつぶす。それを南京袋に入れて絞り、瓶に入れる。黒い液体だった。また、一升瓶で売っていた。渋柿は作ってすぐに使えた。

・オクソワタ（苧糞綿）

水が不自由な立野脇ではオクソを、小矢部川までフゴに入れて担いで持っていき、「小豆打ち」（写真3）の棒でたたく。外皮の汚い部分が流され、真綿のような綿だけが残る。これをオクソワタとよんだ。

オクソワタは、よく干して南京袋に入れて、座敷の裏の方

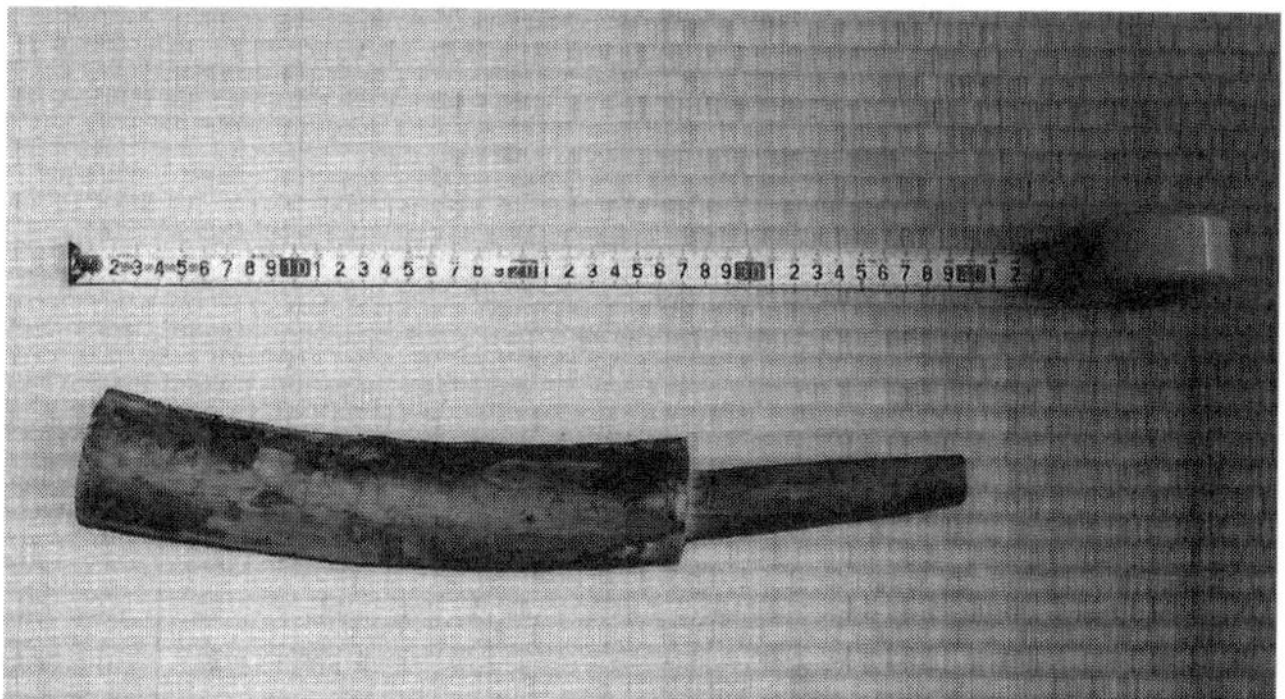

写真３　小豆打ち　材：イッキ

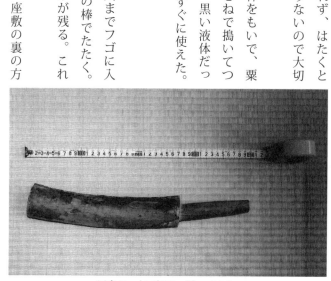

にでも保存しておいた。仏具の掃除の時、特に真ちゅうを磨くときに、美しく磨けて重宝した。小豆打ちはイッキ（山法師）の木で作られ、直径十二センチ、長さ四十センチである。イッキは杢目のない木で、叩いても繊維がからまなかった。

3 アサムシ

麻の茎の中には蜂の子より長い幼虫がいて、アサムシと呼んだ。朴葉やふきの葉に包み、イリに埋んで、焼いて食べた。

4 三番苧

麻栽培の過程では、皮が厚くて短い規格外の麻ができる。それは同じ麻畑でも栽培する場所による。畝の縁の麻は倒れやすい。また、畑の真ん中でも、株が太くて曲がったり、枝がでて枝で切れてしまう物もある。また、株とズイの厚さの差がありすぎた。このような麻は、刈り取った時点で、「三番麻」として別にしたが、麻畑の二、三％だった。

三番麻は、苧にまでするが、オーウムはしない。オーウムは、どこが継ぎ目だか分からぬ物でないと商品にならなかったからだ。三番苧は、太かったり細かったり、短かったりするので、加工せず、苧のまま売った。

まれに、これら三番苧をそのまま染め物屋へ持っていき、黒く染めてもらう人もあった。染物屋は福光町の入り口にある、天神町の尾山染物屋で、立野脇の人は染め物というと多くはここを利用していた。

染められた三番苧は、ハバキやミノゴに編み込んだりオーナワ（麻縄）にした。

・花嫁道具のミノゴの場合

花嫁のミノゴはニゴで編み、背中の上部三十センチほどの部分に横糸に十本に一本ほど、染めたオーナワを入れた。端の方は、房のように垂らしておいた。さらに丁寧なミノゴには前肩にあたる所に、お坊さんの袈裟のように横に格子になるようなデザインを入れたりした（写真5）。また、縦縄は普通のミノゴには四本ほどであるが、これは細かく十本ほど入れて編んだ。ニゴは雪に一週間ほど晒してあくをぬくので、白さもさえ、黒の苧が目立って美しかった。

このように黒に染めた三番苧は大変貴重で、一生に何回だけしか染めなかった。多くは娘が結

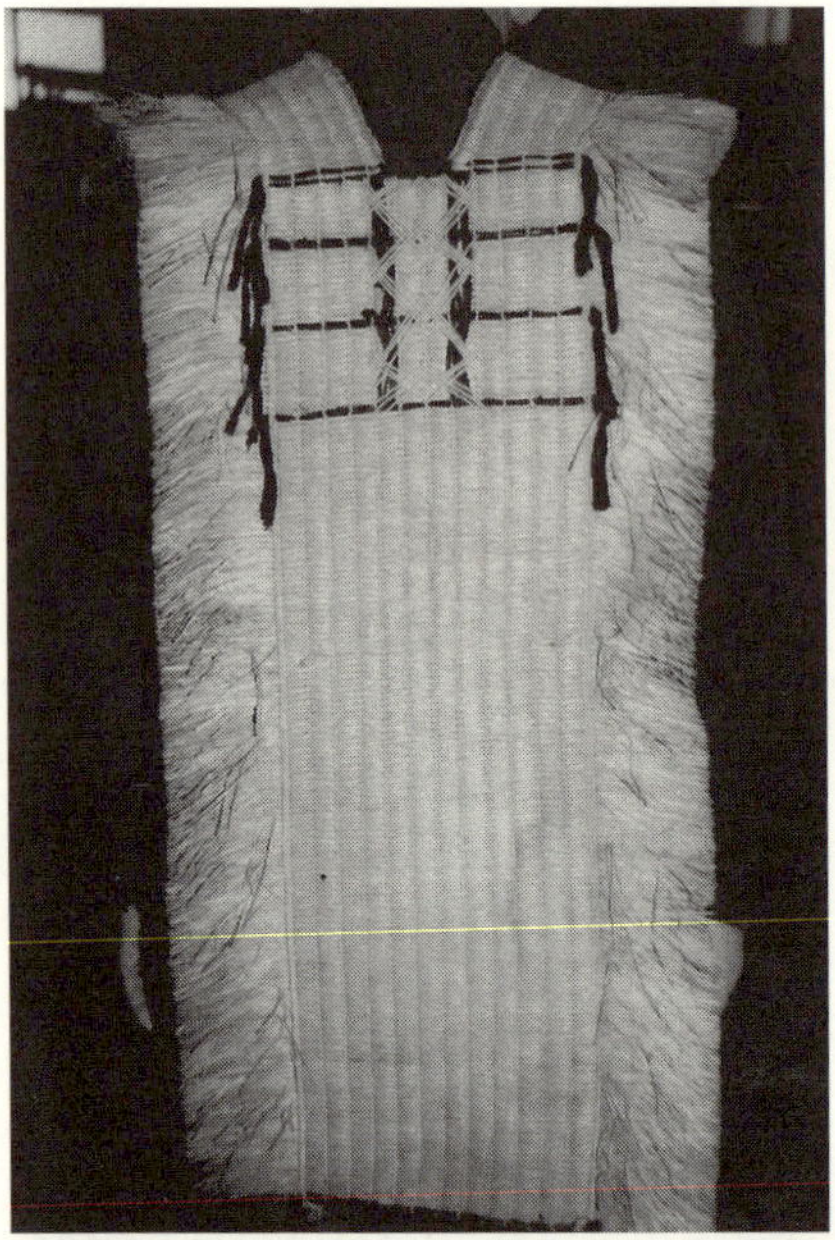

写真４
花嫁道具のミノゴ

写真５　ミノゴの模様拡大（オケサ模様という）

このミノゴは嵐さんの奥さん初枝さんが昭和24年に結婚したときの嫁入り道具のひとつ。２斗入りの赤飯のおひつを担いできた人足が着てきて、婚家に置いていった。普段は使用せず、サツキ（田植え）のときの花嫁衣裳や、町へ行くときに着た。

婚するときに、花嫁道具として持たせるミノゴやハバキに使用された。

また、いくつかに裂いて編んで縄にした。それはホナワともいい、ミノゴ・ハバキ・ドウマルなどに使った。

5 麻の種作りとアサギの粉《コー》

麻の栽培では種も自給した。麻畑で作る麻は、種になる前の七月下旬に刈取られるので、種を作るため専用の畑を待った。それは、農産物用には一般に使用しないような、山の斜面など、つまりナギの後などに作った。作り方は種を麻畑の厚く蒔くのと違い、パラパラと蒔いた。そうすることにより、麻ががっしりとして、枝を自由にウッテ（広げて）、枝には花が咲き、種が実り、太い麻が育った。

ふつうの麻畑の麻は、枝を出したら商品価値が下がるので、厚く蒔いて枝を出させず、ただ茎を成長させ、なるべく長く繊維を取った。

十月に刈取りし、種を採った。一軒当たり一升から一升五合ほどあれば、充分だった。

・アサギの粉（もぐさ）

山の畑の種を採った後の太いアサギは「アサギの粉」として利用した。アサギは火がつきやすかったので、もぐさとしてたばこの点火に使用した（図7）。この場合のアサギは、あくを抜かなかった。水につけあくを抜きをすると、すぐ火が出る。たばこには、炎になってはいけないのである。

アサギの粉の作り方は、アサギをもやし、くすぶりの時や燃え残りを、真ちゅうの胴乱に詰め、上から棒でついて黒い粉にした、白くなったのは完全に燃えた灰だからもぐさにならない。

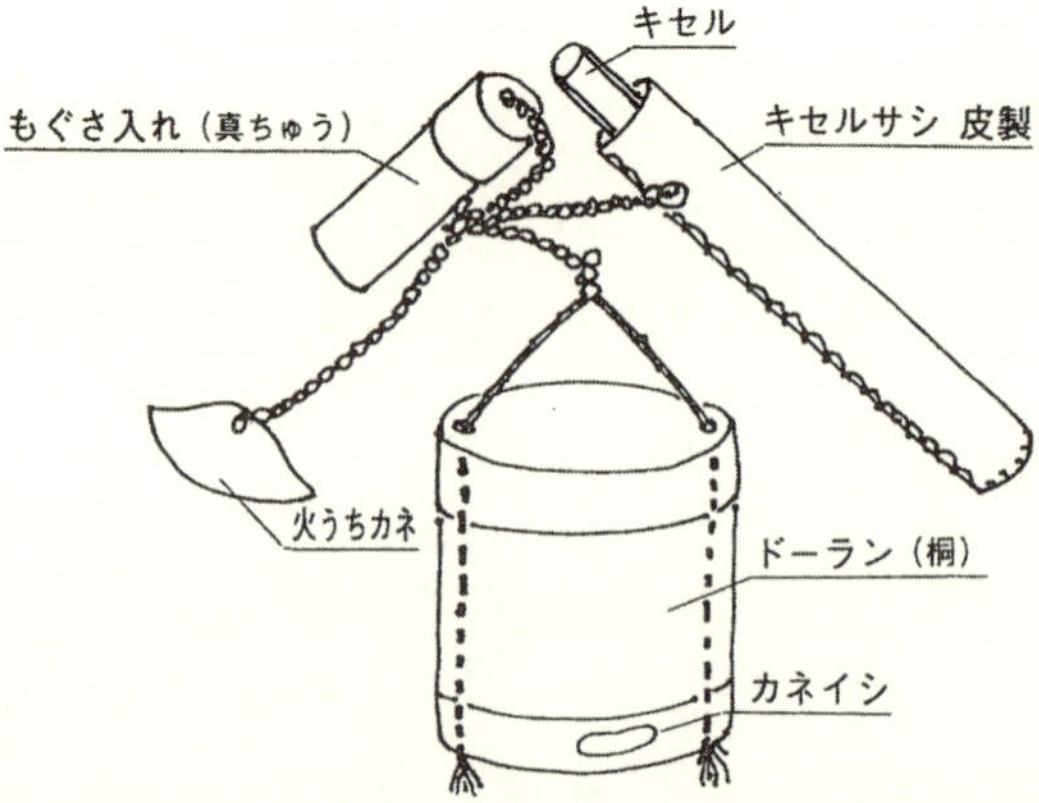

図7　たばこ入れ

たばこに火をつける時は、小矢部川流域では広くカネイシ（金石＝チャート）と呼ばれる硬い石を、火打ち石にした。その中でも白いカネイシが、火が良く付くと重宝された。

そのカネイシと、胴乱の横に下がっていたカネ（金）とをこすって、火花を出した。その時、きせるに詰めたきざみたばこに、もぐさのアサギの粉をちょっと付けて火を吸うと、すぐに火が付いた。嵐さんの祖父の伊三郎さん（慶応元年生まれ）は、たばこを「マッチの火のたばこは硫黄くさてのめん。アサギの粉ならチゴウ（違う）。うんまい」と言われた。ネツケは、本の瘤や動物（主にカモシカ）の顎の骨を使用した。

6　麻栽培と干し大根

立野脇では、麻栽培と干し大根作りがセットになっていた。麻畑では四月から七月までは麻を作り、七月下旬に刈り取ると、麻畑の畝をそのまま利用し、必ず大根を作った。畝に穴を開け、コンカ（米糠）と小便とキバイ（木灰）を混ぜて作ったコンカバイを入れ種を蒔いた。

立野脇の大根は、立野が原の干し大根よりも良質だった。それは①黒色の肥沃土で、しかも水はけが良かったこと。②嵐風といって北風が吹くので、風通しが良く、充分に干せたこと。③標高が高いので涼しく、虫害が少なかったことと、干していてもシンバ（新葉）が出たりして、中がスカスカにならなかったことなどからである。

大根は、十一月二十日頃に引き、ダイコバサという屋根をしたハサに掛けて干した。麻畑以外の畑でも栽培し、多い家では年間五千本の干し大根を作った。

寒漬け用の干し大根として、小正月の一月十五日頃から、厳冬期の二月いっぱいの間出荷した。町の入り口近く、天神の渡辺商店・西村商店や天神町の川上商店・大門屋などへ売りに行った。これらは家庭のほか、工場の賄いに使用された。

大人で百本ほど、力持ちは百五十本も担ぎ、近所の人が連立って十キロの道を約二時間かけて歩いて行ったが、途中小坂の宮あたりで肩がしびれ、いっぷくせずにおれなかった。昭和二十六年、福光・太美山間に国鉄バスが開通すると、干し大根を担いだ人でごったがえし、専用のバスのようであった。干し大根は大きな収入をもたらし、冬期間の一月から四月までの生活費用を賄えた。

麻畑は良質の畑であることと、干し大根を作ったから、年貢は水田よりなお高かった。

六、立野脇の麻栽培と加工の特徴

1　栽培の特徴

麻は戦前には小矢部川上流右岸の下小屋から刀利、そして立野脇・網掛・吉見まで栽培されていた。これらの地域は水田が少なく、畑作地帯である。小矢部川左岸の小二又などでは、戦前すでに栽培されていなかった[3]。上流の刀利は畑そのものが少なく、木炭が主産業だったので、麻の栽培の量は少なかった[4]。

これに対し、立野脇は畑も多く、全戸栽培されていた。また、麻栽培の二毛作として、収入のいい干し大根作りをしていた。

このように地質的にも社会的条件にも恵まれていたからこそ、昭和三十年頃の最後まで麻栽培が残っていたのである。

2　加工の特徴

麻は刈り取った後、苧になるまでいくつかの工程があるが、その性質上蒸して甘皮を剥ぐ作業がある。

五箇山では一週間ほど、かやを挟んでむしろを掛けて蒸す[5]。むしろを掛けて蒸すのは、大正期まで麻を作っていた一部の砺波地方でも行われていたらしい[6]。また、上市町五位尾では釜で三時間ほど蒸す[7]。氷見も釜で蒸す[8]。

これに対して立野脇では、生草の堆肥の発酵熱を利用する「麻床」によっている。自然を活用した方法で、しかも二日で蒸せ

写真6　話者　嵐さん夫妻

るという効率の良さがある。また熟成度を均一に保つために勾配をつける方法も理にかなっている。

そして、副産物から干し大根作りまで、麻を中心として無駄のない生産体制を完成していたといえる。

おわりに

麻は加賀藩下では砺波地方が主産地で、集荷の中心は今石動・戸出から後期には福光町に移った。栽培地も広かったのであるが、今その栽培法や加工法を記憶している人は、立野脇近辺を除いて全くいなくなった。

麻とともに生きた、長い間の知恵の結晶である技術が、ほんの四十年ほど前に絶えてしまったのは、惜しまれる。

これを記すにあたり、立野脇在住の嵐龍夫様（写真6）より多々ご教示を頂いた。心からお礼申し上げます。

註

（1）小坂谷福治『五箇山の民俗史』　昭和四十六年　上平村教育委員会
（2）（5）『平村史』上巻　昭和六十年
（3）早川武久氏のご教示による
（4）南源右衛門氏のご教示による
（6）『富山県の民俗』　昭和三十八年　富山県教育委員会
（7）『五位尾民俗誌』　平成二年　富山民俗の会
（8）『柿谷の民俗』　平成九年　新潟大学人文学部民俗学研究会

本稿は『とやま民俗』６４号（平成十七年一月）に掲載された稿をそのまま掲載した。本稿の抄論は『福光町史』下巻（南砺市　平成二十三年）の中に民俗・芸能の「環境を活かした特産　麻の栽培から苧まで」に所載されている。

福光麻布資料

福光麻布に関して、麻問屋・舟岡喜一郎氏が
中心となり取りまとめた資料を掲載する。

福光麻織物の沿革

舟岡喜一郎

福光麻織物に関し明治以前の記録全く無きため不明なるも、古老の伝うる所に依れば、慶長年間既に五郎丸布の名称は京都に知られたりと言う。五郎丸布は元西砺波郡北蟹谷村五郎丸村より産したるにより村名を採りて名づけたりと伝えらる。これは福光よりも、寧ろ石動に於いて多数集散せられたるものなるも石動にはこの事実に関して記録も言い伝えも無し。

用途は裃地、幕地として使用せられ、加賀侯参勤交代の折四五百疋御買上あるを例とせりと言う。又、蚊帳地、畳縁地、飛白、縞着尺等製織せしも他県へ移出せしか否かは不明なり。明治以後は蚊帳地、着尺、畳縁地、江州、京阪へ移出せられ、次第に畳縁地其の数量を増加し遂に其の大部分を占めるに至れり。

明治初年、福光に於ける麻織物業者の主要なるものは前村源兵衛、油屋善吉、石崎伝右衛門、吉崎又吉の諸店なりしも何れも明治十年前後相いついで廃業するに至れり。後は小規模の同業者十弐店にて之を継承したり。然れ共、明治三十八年織物消費税法の施行せれるる迄その産額を知る可き記録なし。

明治初年頃の原料は山形産カラムシ、上州　野州産大麻を使用し手うみ手つむぎ手織にて生産せり。明治二十三年頃はじめて製麻糸を知りたるも国産麻布擁護の為、出町、福野等と申し合わせこれを使用せざる事とせり。然れ共、時代の勢抗し難く明治三十三年頃より是を経糸として盛に使用し、二、三年を出ずして製麻糸を経糸と為すもの大部分を占むるに至れり。製麻糸の使用は手織機より足ふみ機へと変化し大いに能率を上げたり。

明治三十八年納税のため福光蔵置場なる申合せ組合を創立し大正十二年組織を改め西砺波郡南部織物組合と改称して今日に至る。蔵置場創立当時、年額六、七万疋、この後次第に増加して大正八年十弐万疋を産したりしも、この頃より畳縁地として光輝縁に圧倒せられ昭和十年度産額僅かに二万疋余なり。

現在同業者左の如し

片岡　嘉市　明治十年創業
舟岡　嘉市　明治十年創業
村田　栄吉　嘉永五年創業
瀬能源四郎
丸福商会
㊖商会　　　昭和弐年創業

昭和十一年十月

帝織へ提出　礼状あり。

本稿は、福光の旧麻問屋舟岡家で発見されたもので、「帝織へ提出」とあることから『帝国織物大鑑』への寄稿に際して記述されたと思われる。特に近世、福光麻織物を取り巻く環境変化を伝える貴重な資料である。

福光ねつおくり七夕まつり協賛行事　福光麻布展　期間平成元年

7月22日（土）～26日（水）　会場福光信用金庫中央支店

手うみ麻布として残る貴重な特産地

福光麻布

（テーマ）大喪の礼の古装束は

私たちが織りました

昭和36年頃の福光市街

麻布の歴史

麻布は繊維が長く紡績しやすいこと、強いこと、その他の特性から弥生時代すでに衣料として使われておりました。奈良時代に入ると絹織物の発達により、麻布は庶民の衣料として一般化し、全国的に農家で織られてきました。明治中期以後は近代紡績工場の発達により木綿に圧倒されて急激に減少しました。

しかし、その後においても吸水性、肌ざわり、腰が強い、素朴さなど麻ならではの得難い特性から、特産品として尊重されております。

現在の麻布産地は、柄物では小千谷縮（新潟）能登上布（石川）無地物では福光麻布（富山）近江上布（滋賀）奈良晒（奈良）の五か所です。このうち、麻の茎繊維を手でさいて一本一本つなぎ合わせていく「手うみ糸」（手績　手つむぎ糸）を使って、手織りによる伝統的技法で織られているのは福光麻布と奈良晒だけとなっております。

古代より宮中の御用布としての福光麻布

古代より砺波地方で織られた麻布は、その時代や産地、用途により川上布（河上布）、越中布、八講布、五郎丸布、細布（さよみ）、越中晒などの名称がありました。

享保年間（一七一六〜一七三六）すでに福光村に加賀藩の麻布買上役人が置かれ、取り締りに当たっていたことからみて、砺波地方の生産や集散地が福光村周辺に移っていたこと、麻布が加賀藩の重要産品として藩財政を支えていたことがうかがえます。そうして次第に福光麻布（ふくみつあさぬの）の呼称が定着していった様です。

砺波地方の麻布は品位優秀であったためか、平安時代すでに宮中の御用布となっていたことが記録されております。

近年の例では、昭和3年、昭和天皇の即位の礼には幕地二〇〇〇反が御用達されており、そして平成元年二月二四日、昭和天皇の大喪の礼では、二四〇反の福光麻布　によって古装束全部が作られました。

大麻を手でさいて、一本一本つなぎ合わせる

製造工程の概要は次の通りです。

◇原料は大麻（たいま）の茎繊維

大麻は栃木県で栽培されており一年草で春に種をまいて夏に刈り取ります。秋から初冬にかて水に浸し茎をすいて、干しあげたものが福光へ送られてきます。これを苧（お）と言います。

◇米のとぎ汁を入れた湯に浸して陰干しする。

米のとぎ汁を入れた湯をさましてから下司て浸して固く絞り陰干しする。

◇手で裂いて一本一本つなぎ合わせる

苧績（おうみ　麻苧の手つむぎ　手うみ）は、苧を裂棒（さきぼう）にかけて細く手で裂いて、指先でよりをかける方法で一本一本つなぎ合わせて苧桶（おぼけ）に入れる。

これは、手うみ麻布の最大の特徴であり、非常に熟練と時間と根気を要し、伝統的技術保存の

難問となっております。

◇手機（てばた）で織る。

高機（たかはた）にタテ糸（麻の紡績糸）をかけ、杼（ひ）に前記のヨコ糸を入れて、両手、両足を使って手織りする。

◇清流に晒（さら）して天日干しして仕上げる

わら灰と水で灰汁水をつくり、麻布をぬらしてその上からキネで打ちたたき、そして小矢部川の清流で洗って天日干しする。これを二〇～三〇日間毎日繰り返し行って仕上げる。（別紙参照）

時には灰汁水代わりにサラシ粉・苛性ソーダによる方法も行われている。

用途

販路はほとんどが京阪、東京です。

用途は宮内庁、伊勢神宮など全国著名神社を初めとする神官装束、僧侶の法衣が6割。茶巾、のれん、社寺用墓地、家庭の祭礼用幕地、着尺地、女性スーツ、しし舞かや、文化財補修用をはじめとする畳へり、座布団などが4割となっています。

伝統的技術の保存と後継者育成の必要性

現在、生産は福光町、城端町を中心として、周辺の福野町、砺波市、井波町、庄川町、平村、小矢部市の農家で行われています。

技術保持者は、苧うみ手約九〇人、織り手約三〇人、晒し手一人です。晒し手の石崎三郎さん（明治四十四年生まれ　福光町天神町）のほかは、全員女性であり年齢は五〇歳以上で主に七〇～九〇歳の方々です。

それは生業としてではなく、生きがい、健康、ぼけ防止として取り組まれており、見るからに明るく健康そのもので楽しそうな様子です。

二千年以上にわたる我が国の「手つむぎ布」の歴史は、産地としては福光麻布、奈良晒し（前記）本結城紬（茨城　原料は真綿）芭蕉布（沖縄　原料は芭蕉の糸芭蕉）の4カ所余を残すのみになったと言われております。

量産化が不可能な福光麻布は、平成二年十一月に行われる今上天皇の即位の礼の古装束用に、今から織始められようとしています。

（題字　舟岡喜一郎、文　西村　忠、監修　技術保持者　舟岡喜一郎　川合永泰）

福光麻布商組合
織元　舟岡喜一郎商店
織元　カワセン株式会社

福光麻布の晒し

石崎三郎　明治44年生まれ　福光町天神町

麻布晒し（漂白）の伝統的技術保持者。全国でも2〜3名と見られている。幕末頃、祖父吉次郎が現高岡市戸出伊勢領にて技術を習得し現在地に『晒屋』を創業、以来、二代目宗兵衛を経て、64年間晒しに専従して現在に至る。

・晒し（漂白）は一度に5疋（10反）行う。33工程で仕上げる。
・雨天の日および、冬期には行わない。
・現在では　サラシ粉　苛性ソーダ　硫酸を使う方法も行なわれるので、以下、説明はこれによる。灰汁法では薬品名が灰汁に変わる。
・仕上がるまで、サラシ粉法は15～20日、灰汁法は20～30日。
・灰汁の作り方―稲わらを燃やして灰にする。わら束にもみがらを入れて立て、その上にわら灰をのせて水をそそぎ、わら汁をこす。黒みが消え、白く濁ったわらあく汁になるまで、何回もこして作る。

【晒し工程】　晴天続きの最短事例として記載

1日目

①　大釜に苛性ソーダ液を入れて麻布を煮る。　午前2時間

②　川で良く水洗いする。　30分

③　ウスに麻布と水少量を加えて、キネでかつ。　1時間

④　コンクリート水槽に、サラシ粉、水多量を入れて布を浸す。　午後2時間

⑤　小矢部川の清流で流して、水洗いする。　30分

⑥　コンクリート槽に、硫酸液を入れて布を浸す。　30分

⑦　④のサラシ粉工程を繰り返す。　2時間

⑧　⑤の水洗い工程を繰り返す。　30分

2日目

⑨　芝生の広い干し場に、一直線に打たれた竹杭にかけて天日で干す。　午前半日

⑩　石ウスで、手で返しながらよくもむ。薬品

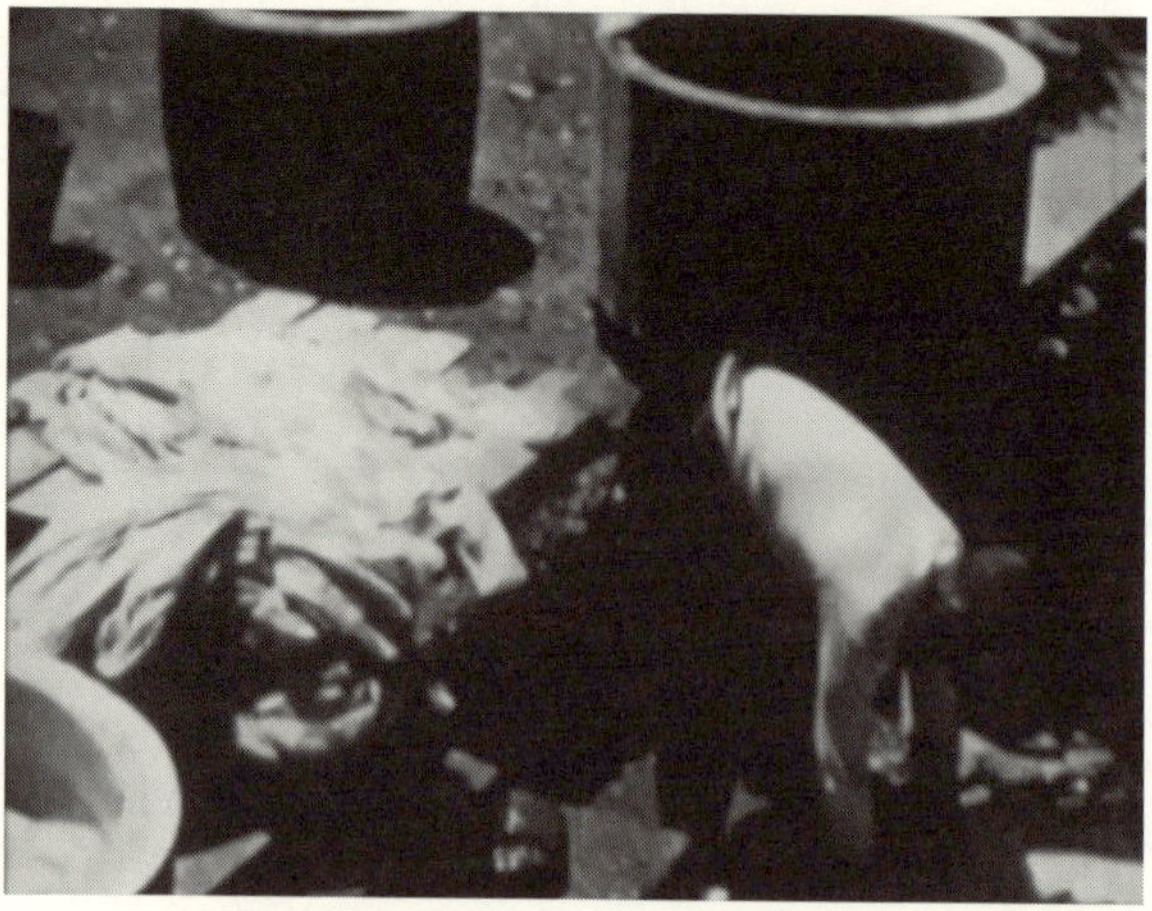

工程②　川で良く水洗いする

のアクをもみ出す。　30分

⑪　⑨天日干し工程を繰り返す。夕方、屋内にしまう。　午後半日

3日目

⑫　⑨天日干し工程を繰り返す。　午前半日

⑬　⑩手もみ工程を繰り返す。　30分

4日目

⑭　⑨天日干し工程を繰り返す。　午前半日

⑮　⑩手もみ工程を繰り返す。　30分

5日目

⑯　大釜に入れて湯で煮る。赤いアク汁を出す。　午前1時間

⑰　⑤の水洗い工程を繰り返す。　30分

⑱　④のサラシ粉工程を繰り返す。　2時間

工程③　麻布をキネでかつ

⑲⑤の水洗い工程を繰り返す。　３０分
⑳⑨天日干し工程を繰り返す。　午後半日
㉑⑩手もみ工程を繰り返す。　３０分

6日目

㉒⑨天日干し工程を繰り返す。　午前半日
㉓⑩手もみ工程を繰り返す。　３０分

7日目

㉔⑯湯で煮る工程を繰り返す。午前1時間
㉕④のサラシ粉工程を繰り返す。　2時間
㉖⑤の水洗い工程を繰り返す。　３０分
㉗⑨天日干し工程を繰り返す。　午後半日
㉘⑩手もみ工程を繰り返す。　３０分

・うるち米を、よく精米して粉にひき煮て、米のりを作る。

天日干し工程を繰り返す

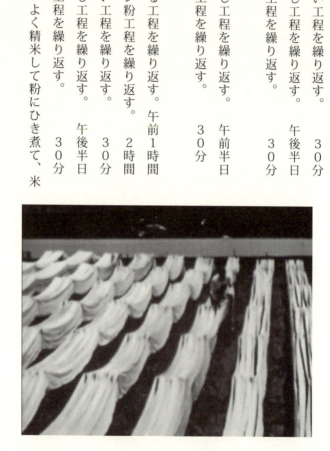

8日目

㉙ 布　のり　水を桶に入れて

のり付けする。午前

㉚ ⑨天日干して半干しにする。　2時間

㉛ 布を両手で広げて「幅出し」をする。

㉜ ⑨天日干し　充分に乾燥する。午後半日

9日目

㉝ 布を板にはさみ、石ウスの重しをして、幅

出しをして仕上げる。　1日

（文　西村　忠）

福光麻布は、織り上げた後は漂白するための晒しという作業を行う。かつて旧福光町の天神町に麻布の晒し工房があった。現在でもその痕跡が残されている。一連の晒し作業は南砺市中央図書館に『福光麻布の晒し』という資料が所蔵されている。これは平成元年七月二二日から二六日にかけて行われた「福光ねつおくり七夕祭り協賛行事」の際に作成されたものである。

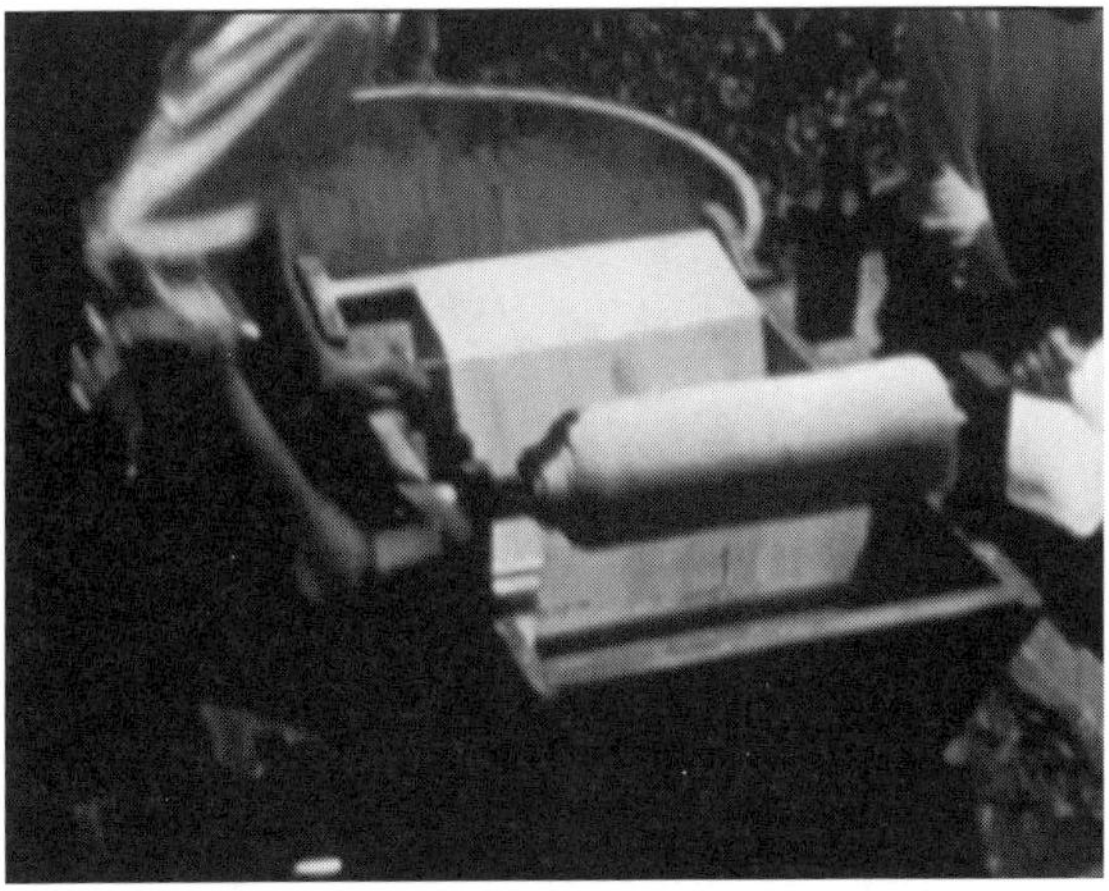

布のり工程と思われる

おわりに

福光麻布織機復刻プロジェクトチームについて、このチームの発足に至っては、「座織機を復刻するぞ！」などと高尚な志を持って参集したメンバーではない。しかし、福光という地において、麻を栽培し、糸を紡ぎ、織りあげるまでの高度な技術があった事に際して、関わった目的は様々ではあるが、

「座織機を組み上げ、織ってみよう！」

「試行錯誤もプロセスとして記録しよう！」

各々が好奇心の赴くまま純粋な気持ちでプロジェクトがスタートした。

そこには地域の布店のご主人がいて、家具屋さんがいて呉服屋さんもいる。主婦がいて、歴女もいて、肌が過敏で麻布に魅せられた女性もいて、はたまた、飲食店のママもいて、プロカメラマンがいて、本を編集する人もいる。とにかくチグハグな変人チームである。

また、染織作家の山下さんに整経していただき、砺波市郷土資料館の協力も得て、現存の座織機のある太美山の旧福光町農林漁業資料館も使わせていただいた。また記録映像作成にあたり、撮影を快く引き受けてくださった旧麻問屋・舟岡商店の舟岡桂子さんや様々な方々の協力があってのプロジェクトであった。関わってくださった方々に感謝の気持でいっぱいである。

チームメンバー（舟岡商店にて）

目標とした「座織機」は一応、組み上げ、糸を掛け、織る段階まではこぎつけた。しかしながらまだまだ課題も多い。またそこから苧を績むこと、手織り、道具、麻という植物について等、それぞれが新たな興味に向かい、夢の実現の途中である。これからもそれぞれにおいて挑戦は続くであろう。

先人たちの日々の生活の積み重ねの上に福光麻布の伝統の「心」があり、「技術」がある。そこに想いを馳せたとき、私たちの試みが「福光麻布」を知っていただくきっかけとなり、この本が記憶の継承の欠片となってくれればこれほど嬉しいことはない。

なお本著の制作にあたっては、加藤享子さん、西村忠さんに多大なご助力を頂き深く感謝申し上げる。

執筆者　紹介

福光麻布織機復刻プロジェクト

堀　宗夫（編集責任者）　清部一夫　泉田匡彦　竹中良子　　柄崎文枝
西井満理　西村麻美　西村　忠　西村勝三　前田真智子　宝田　実
舟岡桂子

水島　茂

富山県下新川郡朝日町生まれ　高等学校教員　県史編纂室勤務
昭和48年（1973年）11月没

加藤享子

富山県南砺市（旧福光町）生まれ　砺波市在住
富山民俗の会 会員　砺波散居村地域研究所 研究員

別売品　麻布ブックカバー
　　　　　福光麻布　映像資料

越中 福光麻布《ふくみつあさぬの》

2016年12月25日　初版発行

定価　１８００円＋税

著　者　　福光麻布織機復刻プロジェクト
編　集　　Casa小院瀬見 桂書房編集部
発行者　　勝山　敏一
発行所　　桂書房
〒930-0103　富山市北代3683-11
電話　076-434-4600
ＦＡＸ076-434-4617
印　刷／株式会社　すがの印刷

ISBN 978-4-86627-019-7
地方・小出版流通センター扱い